USA 美国科学书架

★ 特殊天气 ★

DANGEROUS WEATHER

空气中的烟、雾、酸

明天的空气会怎么样

FOG, SMOG & ACID

[奥] 迈克尔·阿拉贝/著

邓海涛/译

上海科学技术文献出版社

Shanghai Scientific and Technological Literature Press

图书在版编目（CIP）数据

空气中的烟、雾、酸：明天的空气会怎么样 /（英）阿拉贝著；邓海涛译 . —上海：上海科学技术文献出版社，2014.8
（美国科学书架：特殊天气系列）
书名原文：Fog, smog & poisoned rain
ISBN 978-7-5439-6104-3

Ⅰ . ① 空… Ⅱ . ① 阿…② 邓… Ⅲ . ① 空气污染—污染防治—普及读物 Ⅳ . ① X51-49

中国版本图书馆 CIP 数据核字（2014）第 008700 号

图字：09-2014-110

总 策 划：梅雪林
项目统筹：张 树
责任编辑：张 树 李 莺
封面设计：一步设计
技术编辑：顾伟平

空气中的烟、雾、酸 • 明天的空气会怎么样
[英]迈克尔 • 阿拉贝 著 邓海涛 译
出版发行：上海科学技术文献出版社
地 址：上海市长乐路 746 号
邮政编码：200040
经 销：全国新华书店
印 刷：常熟市人民印刷有限公司
开 本：650×900 1/16
印 张：19
字 数：211 000
版 次：2014 年 8 月第 1 版 2016 年 6 月第 2 次印刷
书 号：ISBN 978-7-5439-6104-3
定 价：32.00 元
http://www.sstlp.com

目录

何谓烟、雾及酸雨？

　　你有过乘坐飞机在云层里穿行的经历吗？进入云层后，你会发现成片的云朵漂浮于地面上空，开始时陆地还隐约可见，但是随着飞机不断地攀升，最后所有的陆地都从视野中消失。透过飞机窗户，你可以清晰地看到机翼和引擎，但是越过翼尖向远处云内遥望，只能看见灰白色一片，除此之外什么也看不见。如果这样的云发生在地面，那么这种云被称作雾。

　　雾只是接触地面的云而已。雾和云都是由极其微小的水滴构成。它们无色、无味、无害，小得可以使人在雾中自由地呼吸。你甚至感觉不到吸入了雾气，但它们很快就浸湿了你的衣服和头发，这样你就意识到空气中含有大量水分。当然，雾有时会使你迷失方向。当你在没有道路的空旷乡村行走时，会发现雾覆盖了所有的路标，你很快就迷了路。

　　雾不只是出现在陆地上，也出现在海洋上。在船只使用雷达之前，由于雾的缘故，船只经常发生碰撞事件，所以船不得不减速，同时鸣笛，通知其他船上

1

的船员事故发生的方位。灯塔上的雾角跟灯光一样,发出警告信号,警告船只远离危险的暗礁和浅水区域。

有的雾虽然降低了可见度,但是还没有浓密到完全遮盖路标的程度,这样的雾叫做薄雾。如果比薄雾还薄,那就是霾。薄雾由小水滴构成,而霾则由悬浮于空中的微小固体颗粒构成。由于这些固体颗粒太轻太小,根本落不到地面。但有时水蒸气凝结在上面,霾就成了薄雾。

烟雾

通常来讲,雾、轻雾、霾是无害的,但并不总是这样。多年以前,尤其是冬天,在北欧的一些工业城市里常常会出现无害的雾,雾很浓,以至于正午时分都要开启路灯。由于司机看不清路,因此汽车必须打开车灯缓慢行驶,由此经常出现汽车横穿路面或开出路面的情况,于是,经常发生撞车事故。不过因为车速比较缓慢,造成的损失不大。如果扶着墙、围栏步行的话,会容易得多。即便如此,也很可能迷路。每逢这种情况发生,学校、工厂、商店以及办公单位都很早关闭,因为人们要花费很长的时间才能找到回家的路。这时弥漫在空中的就是烟与雾的混合物,即烟雾。"雾都"伦敦因此而出名,或者说是臭名昭著,因为其他一些城市也受到其烟雾的严重影响。这样的烟雾对任何人都是一种威胁,而对那些患有哮喘、支气管病及其他呼吸系统病症的人而言危害更大,严重的还能导致死亡。

这种烟雾最早只在欧洲北部城市出现过,后来南部城市也没能逃过此劫。与北部的雾不同,那里的烟雾呈黄色或褐色,不会严重降低可见度,但是呼吸了这种烟雾会引发一些疾病。

这本书中讲述了雾及两种烟雾,也谈到了污染,诸如:什么是污染? 污染是怎样引起的? 污染的危害有哪些? 人们如何采取措施来减少污染? 其实,烟雾只是污染的一种表现形式。多年以前,在净化空气法对排入大气的废气还没有明确规定之前,人们只需闻一闻工厂周围的空气味道就能找到工厂的位置。炼钢厂、酿酒厂和化工厂散发出各自特殊的气味。其中,熔化动物骨的制胶厂和皮革厂的气味最难闻。毛纺厂和地毯厂虽然没什么异味,但却使工厂周围的空气中布满了化学纤维,它们纠缠成结,悬挂在树上和灌木丛上。

酸雨和臭氧层

令人遗憾的是,尽管人们努力清洁大气,但大气污染仍然存在。应该承认大气质量有所改善,但在处理某种污染的同时,也引发了另一些污染。在远离工业中心的郊区,空气酸性物质含量越来越大,酸性物质依附于地表,在薄雾、雨、雪里溶解,最后又落到地上,改变了土壤及湖泊的化学性质。这就是酸雨,它也是大气污染的一种形式,但危害不是最大。

雾、烟雾都依附于地表,酸雨落到地表。污染能扩散到地表上空,甚至高度达到航空公司的巡航高度之上。在高空大气上部堆积形成的臭氧区域称作臭氧层。在地面臭氧是严重的污染源,但是在高空大气层里它却可以吸收一些有害的辐射。科学家们发现,地面上制造和应用的化学物质正在侵袭着大气层并在破坏着臭氧层。

自然界污染

人们想当然地认为所有的污染都是由人类造成的,人类活动是造成空中有害物质的唯一源头。其实这种想法是错误的,在很大程度上,自然界本身就是一个巨大的污染源。

火山就是最大的污染源。灼热的岩浆不断地喷流出来,火球喷射入空中,这些令人惊诧的火山爆发的情景想必你在电视中一定看过。还有由热的灰尘和气体构成的巨大的烟云,有时大块的烟云使地面变得昏暗,改变了当地的天气状况。

甚至最普通的树木也会带来污染。在乡村,树木所释放的气体是霾和烟雾形成的主要诱因。另外,火灾也会污染大气,如果火势非常凶猛,那么几百里以外的地区都会受到影响。

改善空气质量

令人欣喜的是,我们有能力改善空气的质量。目前,我们已经取得了一些进展,并且在将来会有更大的改善。在本书后面章节里列举了控制大气污染的主要方法。

一

空气中的水

冬夏的气团与锋面

空气受到污染后不仅影响邻近的区域,污染物还会传播到很远的地方。20世纪60年代,英国的工厂就因污染了瑞典南部的湖泊及森林而受到过国际舆论的谴责。还有东欧工业区域的工厂被怀疑是德国西部遭受污染的源头。所以导致污染的原因并不像人们最初想的那么直观,但不可否认的一点是排放到空气中的物质的确能够传播到上百甚至上千公里以外。

1997年4月,俄罗斯一宇宙火箭在沿其发射轨道攀升时,由于煤油燃烧,造成煤烟泄漏,在空中形成烟云。该火箭可能是从哈萨克斯坦的拜科努尔航天站发射,也可能是从俄罗斯的普列谢茨克发射(由于两支火箭的发射只相隔几天,所以无法确定到底是哪一支的煤烟泄漏)。一周之后,人们在6 000英里(9 650公里)远的加利福尼亚州上空12英里的地方探测到了这一长100英里（160公里）、厚300英尺（90米）的烟尘云。这是由高敏感度仪器探测到的，因为它太薄以至于肉眼是看不到的，也不会带来任何的伤害。它的出现表明一旦有适宜的大气条件，污染物可以传播得相当远。

撒哈拉沙漠的灰尘偶尔会由北欧的雨冲刷到地面，并给所有物质涂上一层薄薄的红膜，所以人们叫它"血雨"。这种灰尘甚至也出现在美国，并且每年一次。灰尘云自非洲向西漂流，越过大西洋，最后到达美国的佛罗里达州。因为灰尘里含有氧化铁，所以是红色的。它滋养了佛罗里达州沿海的单细胞海藻，有毒的海藻又迅速繁殖，成了红色浪潮，它能毒死鱼，有时也能毒死鸟类和哺乳动物，还可以使人类患病。

工厂烟尘、煤烟和沙漠灰尘并不是穿过空气而传播，而是随着大气运动进行传播的，因为大气本身也在运动中。让我们来看一下热气球，它升至空中后便漂浮于空中，它能够移动是因为周围空气在运动。固体微粒和微小水滴也是以同样的方式在空气传播。当然，我们能感受到大气的运动，我们把大气的运动叫做"风"，但大气运动的规模要比风大得多。由于地球沿轴线自转，所以风周围的空气也处在运动之中。

运动的大气

如果你经常看天气预报，你可能注意到气象系统会在北纬30°与北纬60°之间的中纬度地区自西向东变化，中纬度地区的盛行风是西风（风向是指风吹来的方向，而不是去的方向。因为固定在教堂和其他高建筑物顶上的风向标指向风吹动的方向）。

大气运动将赤道的热量传送至南北两极，再将南北两极的冷空气运送回赤道。这就是我们常说的大气环流（参见补充信息栏：大气环流）。

只要大气运动，就一定会形成一个循环。水也是一样，所以当浴缸排水时，水会在排水孔处旋转，这叫做涡旋。液体按一个环形路径流动的情形叫做涡旋，它就像空气里无数的微粒绕着一个垂直轴不停旋转

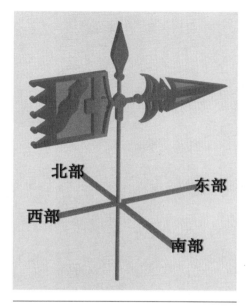

图1　风向标
根据制作原理，风向标总是指向风吹来的方向。

一样，合在一起就是整个的大气旋转。大气会流向低气压地区，涡旋强度使得大气在北半球向左流动，在南半球向右流动。当大气流出高气压地区时，涡旋强度使得南北半球的大气向相反的方向流动。

补充信息栏：大气环流

　　赤道的太阳光比其他任何地方都强，大气运动将一部分热量从赤道带走。在赤道地区，炎热的地表使接近地面的大气温度升高，温暖的大气向上运动，在达到距离地面大约10

英里（16公里）的对流层顶时，大气离开赤道，一部分向南运动，一部分向北运动。随着大气的上升，温度开始下降，所以离开赤道的高空大气温度很低，只有-85°F（-65℃）。

来自赤道的暖空气大约在南北纬30°的区域开始下降，随着空气下降，气温再次升高，当空气到达地表时已变得温暖、干燥，使远离赤道的地区变暖。在地表，空气分成两路，大部分空气返回赤道，一些空气远离赤道。从南北返回赤道的空气在热带汇流区相遇，这样的循环形成了几个哈得莱环流。

极地上空的大气温度非常低，所以会下降，到达地面后

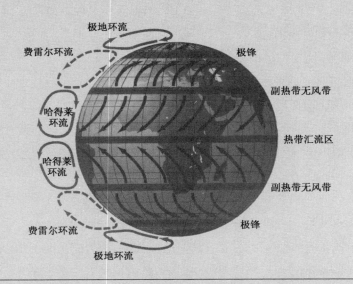

图2　大气环流
大气运动将热量从赤道带走。

冷空气远离极地。在南北纬50°—60°的区域，极地冷空气与赤道暖空气相遇。在距离地面7英里（11公里）的高纬度地区，相遇后空气再次上升达到对流层顶。上升的空气一部分返回到极地，形成极地环流，而另一部分则流向赤道，完成费雷尔环流。

就这样，你会发现暖空气在赤道上升，在副热带地区下降，并在低空大气里流向南北纬大约55°的地区，然后继续上升流向极地。同时，从极地下降的冷空气流回赤道，这就是大气环流。

如果没有热量的重新分配，赤道就会变得更加炎热，极地天气就会更加寒冷。

地球自西向东自转，这就使不依附于地球的所有运动物体开始旋转。再者由于地球是圆形的，赤道上的某一点应该比高纬地区的某一点运动得快。因为这两点都要在24小时内完成一个循环，而赤道上的点要运行较长的距离，所以它就必须转动得更快。结果，当流体（大气或水）流向赤道时，是以它开始的速度向东运行，越接近赤道，地表的速度就越快。结果流体偏向西运动，因为事实上地面是向东转的。如果流体离开赤道，那么过程刚好相反，流体偏向东运动。法国物理学家科里奥利（1792—1843）于1835年第一个解释了这一效应，所以这一效应被称作科里奥利效应（简称CorF，因为最初是叫做科里奥利力）。科里奥利效应强度在赤道为零，在南北两极增加到最大值，并直接地与移动物体的速度成比例。科里奥利效应有时与涡旋一样朝同一方向运动，所以两者相互加强。当两者呈相反方向运动时，会造成偏转变小。

三圈环流模式

大气环流图解显示了南北半球各自的三个环流，这叫做大气的"三圈环流模式"。虽然这只是大体的模式，但却起着十分重要的指导作用。由此我们知道赤道的空气上升，形成了永久的低压带。哈得莱环流的空气在极地下降，从而形成高压带，流回赤道。返回的空气从高压带流出，所以在涡旋的作用下，北半球回流的空气向右旋转，而南半球回流的空气向左旋转。因为空气流向赤道，科里奥利效应就加强了空气回流的偏转，使其在南北两半球都向西旋转。随着空气接近赤道，科里奥利效应相应减小，使得北半球刮东北风，南半球刮东南风，而不是平行地吹向赤道，因为这是在科里奥利效应更强烈的时候才会发生的。因为它们总是沿着同一轨道运动，所以是世界上最稳定的风，因此德语单词"*trade*"就指这个，也就是我们所知道的"信风"。

在极地，由于空气下降形成了永久性高压带。空气从高压带向低压带移动，形成东北风和东南风。而在中纬度地区，由于空气来自赤道，所以它得向相反方向移动才能形成西风。

最强的西风出现在距离地面7英里（11公里）的对流层顶高度，在那有一个风力很强地带，这一地带叫做急流。它会向南部和北部移动，有时会移向不同的地区形成循环，但总体来说向东移动会引起天气变化。这就是中纬度地区风自西吹向东的原因。但有时风也向南或向北吹,有时则会连续几天甚至几星期都静止不动。

所以,三个大气环流就产生了热带东风、中纬度西风以及极地东风。东风和西风的风力基本相当。由于风也吹向地面,所以人们会想象出在风天骑自行车的感觉？如果风只朝一个方向刮,那么地球有两种可能,一是自转加速,一天变短;另一种可能是自转减速,一天变长。但实际上,一天的长短是相同的(事实上,风会导致天长短不同,但是因为相差很少,最后就忽略不计了)。

气团

大气无时无刻不在运动,而且还会受到所经之处地表的影响,地面能够使大气温度改变。所以经过炎热地区时,大气变暖,但是经过冰层时又会变冷。如果经过水面,水汽蒸发进入大气,这时大气就变得湿润。

只有在地表面积相当大且均匀的地方,地表状况的影响才会十分重要。海洋以及几乎覆盖大部分大陆的平原都有适宜的地表。空气在这样的地表缓慢移动就能形成大约50万平方英里(130万平方公里)或更大的气团,厚度可达数英里。在这个气团里,任何一点的温度、压力、湿度都相差无几。

并非很多地表都足够大到能够形成气团,所以气团可分为几种。第一种是形成于陆地上的气团,叫做大陆气团(简称c),形成于海洋上的气团叫做海洋气团(m)。第二种是形成于极地、北冰洋或南极洲、热带和赤道上的气团,分别叫做极地气团(P)、冰洋气团(A)、南极气团(AA)、热带气团(T)和赤道气团(E)。所有这些类型结合起来就会形成极地海洋气团（mP）、极地大陆气团（cP）、热带海洋气团（mT）、热带大陆气团（cT）和赤道海洋气团（mE）。因为冰洋空气极为干冷，而赤道地区几乎都是海洋，所以冰洋海洋气团（mA）和赤道大陆气团（cE）这两种气团也是极为罕见的。

空气在地表缓慢行进数天后才能形成气团。当气团离开地表，经过海面时，气团的性质会发生变化，如在北美形成的极地大陆气团在经过大西洋到达欧洲时会变为极地海洋气团。

北美地区有几种气团，向北有冰洋大陆气团，向南有形成于大陆中心的极地大陆气团，向西北有形成于太平洋上的冰洋海洋气团，向东北有形成于大西洋上的冰洋海洋气团，向南有形成于墨西哥和美国得克萨斯州的热带大陆气团以及向东和向西有形成于海洋上的热带海洋气团。气团离开其形成地时，也随之带走了当地的天气特征。北部的冰洋大陆气团向南移动时带来极其寒冷、干燥的天气，来自加勒比海的热带海洋气团向西北移动时带来温暖、湿润的天气，经常伴有雨水出现。

如果大气被污染，气团就承载了这些污染物质。北美的污染可以越过海洋到达欧洲，欧洲的污染向东继续漂流，到达俄罗斯和亚洲。可这并不意味欧洲一定会遭受美国的污染，或者亚洲会遭受遥远西方的污染，因为大气本身有清洁的本领。污染物质溶解于云中水滴里，随着雨雪被冲刷到地面。颗粒吸附于固体表面，所以如果被污染了的大气传播了相当远的距离，大气本身就可以将污染物质清除掉。前面提到的俄罗斯火箭泄漏的煤烟飘至美国纯属意外。所以即使大气在美国海岸飘走时已被污染，经过大西洋到达西欧时，大气依然是干净清新的。

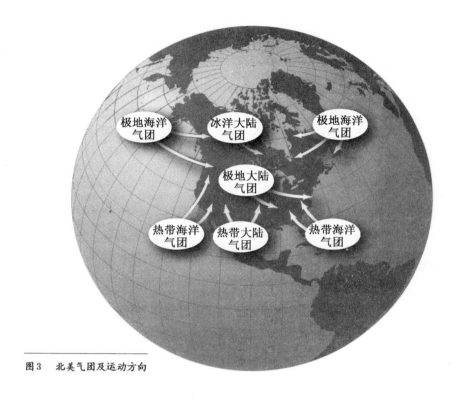

图3 北美气团及运动方向

当冷气团越过温暖的地表时，大气底部气温升高，使得地表大气上升，但随着高度增加，温度又会下降，水汽冷却，就产生了雨雪天气，雨雪降落清洁了大气。当暖气团经过寒冷地表时，情况刚好相反。暖气团最低层因与地面接触而变冷，所以暖空气在上，冷空气在下，这就是逆温（参见补充信息栏：逆温）。上升的空气穿不过逆温层，所以污染物质都积聚在逆温层下面。因为逆温层里的空气温暖，与在地表受热而上升的空气相比，密度更小。

补充信息栏：逆　温

一般来说，温度会随高度的升高而下降，但有时在地面上空有这样一个大气层，它里面的空气比其下面的空气温度高，这就是逆温。

逆温的形成有三种主要途径。

晴朗寂静的夜晚，地表因向外散发热量而快速变冷，距地表几百米范围内的大气也会因此而变冷。而在这冷却的大气层以上，空气却没有变冷，所以温度相对就要高，形成逆温。早晨太阳温暖了大地，近地面的大气层又变暖，这个时候逆温也就消失了。

锋面逆温是指在锋面上稳定的暖空气位于冷空气之上的逆温。暖空气像毯子一样覆盖在冷空气上。

在反气旋的中心附近，大气下降的时候也能形成逆温。空气下降时因受压而升温，近地面的空气因大风、旋涡的驱使而运动。这时下降的空气不能穿过逆温层，只能停留在这湍流的逆温层之上。这种逆温在洛杉矶很普遍，主要是由太平洋上半永久性反气旋东边下降的空气引起的。来自海洋的冷空气经过陆地时使得暖空气上升，并在其下面形成了冷气层，从而加剧了逆温。而洛杉矶东面的山脉挡住了冷气流向内地延伸，从而削弱了逆温。

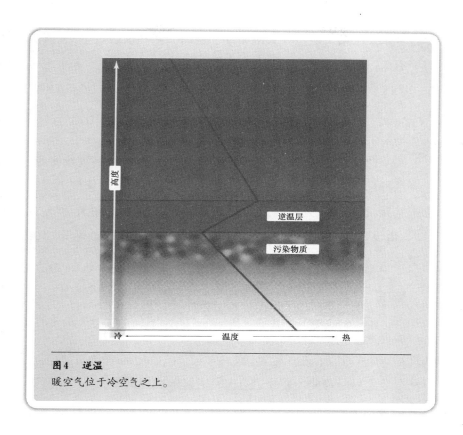

图4 逆温

暖空气位于冷空气之上。

锋面

由于气团间不能有空隙，所以气团都会彼此挨近，然而冷空气和暖空气的密度不同，很难融合在一起，所以只能分离，这样密度大的空气位于密度小的空气之下。如果冷气团比相邻的暖气团移动速度快，冷空气会在暖空气下方将暖空气推离地表。如果是暖空气的速度快，它会漂浮在密度大的冷空气之上。

两种气团的分界面十分清楚，出现在天气图上就是"锋面"，这个名字来源于第一次世界大战时期。当时军队在前线抗争,在挪威的卑尔根,由维·皮叶克尼斯(1862—1951)带领的科学家小组考察研究气候,他们发现了气团和气团的分界面。因为两种气团相差甚远,他们把气团比作每天在报纸上读到的军队,把分界面比作前线(front)。锋面(front)因此得名。

高空急流位于极地与热带气团之间的锋面上,叫做极地锋面。急流本身是"热成风",因为它是在锋面两侧空气温度和密度上发生急剧差异时产生的,通常时速为每小时65英里(105公里)。但是在冬天,温度对比十分强烈,有时急流时速可达每小时310英里(500公里)。

低压

急流并不是以直线、而是以波状曲线在世界范围内缓慢运动的,几周后,细微的波云越来越大,直到大气在波状尾部削弱,就像河水流动形成的弓形弯曲。要知道急流是沿极地锋面运动的。它的波动就会引起锋面波动,所以当急流经过地表的某点时,当地的人们可以感觉到相互交替的极地与热带空气。

在天气图上,地表上沿极地锋面运动的波在锋面上呈现波状。锋面后的空气比锋面前的空气温度高时称为"暖锋";反之,锋面后的空气比锋面前的空气温度低时称作"冷锋"。在冷暖锋间的波的顶端形成了一个低压地带。气象学家称之为"气旋",因为周围的空气都围绕它呈气旋性流动——在北半球呈逆时针方向,也就是我们称作的"低压"。冷锋的移动速度比暖锋稍快一些,这样地面的暖空气上升,这时的锋面是"锢囚锋"。最后暖空气完全离开地表,冷空气流进低压区,锢囚锋也随之消失,又会形成新的锋面。

因为极地锋面波是自西向东移动,所以地面低压也是自西向东运动。而且锋面波一个接着一个,所以低压通常也多个连续发生。尤其在冬季急流最强的时候更容易发生这种现象。这导致中纬度地区天气多变,难以预测。

沿锋面的低压——锋面低压——通常带来多云潮湿的天气。雨雪可以清除大气中的污染物质,所以阴雨天气是有效地清除污染的途径。

然而,锋面系统也可俘获污染物质。锋面并不是垂直上升的,而是有一点坡度。暖锋的锋面坡度大约是0.5°—1°,冷锋的锋面坡度大约是2°,或者说暖锋的锋面坡度是1:115和1:57之间,冷锋的锋面坡度是1:30。暖空气位于冷暖锋之间的"暖区",在这里,冷空气在暖锋之前,冷锋之后。如果暖空气位于冷暖锋之上,那么暖空气位于冷空气之上一段距离的地方,并且在暖锋前,冷锋后。这就形成了两个锋面逆温。如果这时空气干燥,那么锋面产生很少或根本就产生不了雨雪去清洁大气,这样污染物质就在逆温层下面堆积。

锋面既能够减少污染也可以加重污染,这主要取决于锋面生成的天气。

蒸发与冷凝

水可以清洁大气,方法就同我们洗衣服、刷盘子没什么两样。

除此以外，水还可以通过其他方法清洁大气，而这些方法在家里我们是不用的。在家里我们用液态水清洗，大气中含有液态水，但也有水蒸气。尽管水蒸气是气体，但也可以清除空气里的污染物质。

水是氧化氢H_2O。一个水分子由两个氢原子（H + H）与一个氧原子（O）通过共价键结合在一起。共价键是指两个原子共同拥有一个或多个外部电子。

大气里也含有臭氧，它是氧气的变体，一般的氧气由两个氧原子（O_2）结合在一起，而臭氧是由三个氧原子（O_3）结合在一起。臭氧主要形成于平流层（参见"喷雾罐与臭氧层"），但有一部分会下降，经对流层顶进入对流层。我们赖以生存的天气现象都发生的大气底层。除了下降而来的以外，碳氢燃料的燃烧，主要是汽油的燃烧，发生一系列的化学反应生成的物质也可以释放出臭氧（参见"光化学烟雾"）。

臭氧很容易与其他物质结合生成化合物，其中一些是污染物质，所以臭氧可以帮助清洁空气。然而这并不十分有效，因为臭氧分子十分不稳定。只要有太阳光子和适量的能量，臭氧分子就分解出一个氧原子：O_3+光子→O_2+O。光子是像阳光这样的电磁辐射微粒，短波太阳光又可以提供反应所需的能量。

自由氧原子也很活跃。由于缺少电子，所以自由氧原子一旦与水分子相遇，就立刻与之结合，或者将水分子分离成两个，或者与之结合生成过氧化氢。这一系列的反应如下：

$$O_3 + 光子 \rightarrow O_2 + O$$

$$O + H_2O \rightarrow H_2O_2（过氧化氢）；然后$$

$$H_2O_2 \rightarrow 2OH；或者直接$$

$$O + O_2 \rightarrow 2OH$$

OH就是羟基，而且也极为活跃，有些人称之为"大气真空吸尘器"。它能与成百上千的化合物反应，其中一些是污染物质，而且反应生成的都是无害的或可溶性物质，所以它们会溶解在云中水滴里后又被冲到地面。过氧化氢有相同的功能，但是它持续时间很短，很快就会分解成羟基。

我们真应该感谢羟基，它能把包括甲烷（CH_4）、一氧化碳（CO）、二氧化硫（SO_2）、硫化氢（H_2S）、甲基溴化物（CH_3Br）、三氯乙烷（CH_3CCl_3）等大量毒气排出大气。空气中羟基的含量会因水蒸气和臭氧的数量而有所不同，而且很难预测其含量有多少。当然，含量不会太大，一旦与其他物质发生反应就很快消失。曾经进行过测量的大气化学家估计：平均每立方英尺的大气中含有大约330万到1.3亿个羟基分子（每立方厘米20万到800万）。听起来似乎很多，但实际上浓度很小。

万能溶剂

水能够清洁衣服、盘子和我们的身体，是因为"灰尘"溶解于水中并随水流走。清洁空气也是同样的原理。污染物质（灰尘）溶解于水中，当下雨、下雪的时候，污染物质也随之落入地面。

能完全溶解任何东西的物质就是万能溶剂（它很难保存，因为它会溶解任何容器）。实际上并没有真正的万能溶剂，但水的作用跟万能溶剂差不多。盐、糖、酒精、二氧化碳、氯气以及大量的其他物质都溶于水，但脂肪和油除外。事实上，水是很好的溶剂，纯净水从来不是天然形成的。我们喝的山泉里清澈干净的水（或者买瓶装的水）其实都是溶液（标签上都标明了成分）。你可以买纯净的水，也就是"蒸馏水"，可它不是纯天然的，而是工厂里提纯的。用来填满奥林匹克游泳池的海水含有70多英吨（63.5吨）的溶解物，其中63英吨（57.5吨）是盐。

水可以成功地溶解许多物质，秘密在于水分子。它是氢氧的共价化合物。但是如果我们观察它们的共价排列图，就会发现两个氢原子都在一个氧原子的同一侧。如果用线将氧原子的中心和氢原子的中心相连，这个角度是104.5°，所以水分子是V形的。

每个原子都有一个由电子包围的原子核，原子核由质子和中子组成，质子是带有正电荷的亚原子粒子，中子不带电荷。每个电子都带一个负电荷，刚好与质子中的正电荷相同。如果原子里有足够的电子，就可以与原子核中的电荷相平衡，那么它在电磁上为中性。

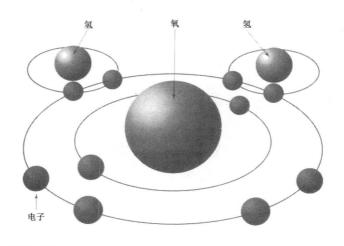

图5　水分子中的共价键
每个氢原子都拥有氧原子的两个外部电子。

氢原子是所有原子中最小也是最简单的，只含有一个质子和一个电子。当它与氧气结合形成水分子时，与氧原子共同拥有一个电子。这表明质子是位于水分子之外的。因为两个氢原子都在氧原子的同一侧，所以两个质子位于同一侧水分子之外，只是电子位于另一侧。结果，尽管整个水分子中正负电荷刚好平衡，呈中性，但是一面却是呈正电性，另一面呈负电性。这样的分子被叫做极性分子，因为它像铁一样有正负两极。

许多化合物能聚在一起是因为它们的组成原子带有正负不同电荷，可以相互吸引，这种化合物叫做离子。盐就是离子化合物，是氯化钠（NaCl）。钠原子（Na^+）带有个正电荷，氯原子（Cl^-）带有负电荷，这些原子以盐晶体的形式排列在一起。然而，把晶体放入水里，它们就分解了。水分子自由游动，带负电荷的氧与钠结合，带正电荷的氢与氯结合。随着水分子不断地游动，使得盐分子分解，钠和氯的离子键分裂，这样盐就溶解于水中了。

水分子是彼此相互吸引，一个水分子中的氧吸引另一水分子中的氢，它们之间形成的键叫做氢键。由于氢键十分不牢固，所以处在分裂、重组的状态。在液态水中，氢键将水分子联结在一起。有些极性共价物质可以和水结合生成氢键，乙醇（酒，如啤酒、葡萄酒和烈酒）就是其中的一种。在乙醇分子的一侧有两个氢原子和一个氧原子，所以这个氧原子可以与另一个乙醇分子通过氢键结合到一起。而在乙醇分子的另一侧有三个氢原子，所以它呈极性。当与水结合时，乙醇与水分子之间形成氢键，从而完全溶解乙醇。

其他极性很强的共价分子在水中分解，这个过程叫做电离，使得分离的部分带有电荷。共价键分裂，产生的离子（带电粒子）就附着在水分子上。

正是由于水具有溶解不同种类物质的能力，水才成为强有力的清洁剂。但是在空气中它还有另一个绝技，它能够俘获固体粒子，这就是我们下面要说的水蒸气冷凝。

冷凝

大气中总会含有一定的水分，即使在最干燥的沙漠也如此。它以气体——水蒸气的状态存在，无色无味，而且透明。水蒸气与我们在冷天呼吸时看到的蒸汽气不同。蒸汽气是由微小的液体水滴组成。而水蒸气是水的冷凝，但是水为什么会冷凝呢？

液态水包含着无数由氢键联结起来的水分子组合，这些水分子组合自由地游动，彼此滑过，不断分裂。当组合分裂时，水分子马上又与其他水分子组合，形成新的组合。气体——水蒸气是由完全自由的水分子组成，没有氢键把它们连在一起，而且根本也没有氢键形成的可能性，因为气体水分子有足够的能量使自己分裂。

大气的重量可以施加压力，这就是我们用气压计测量的大气压力。你也可以将大气压力分配到大气的每一组成部分里，也就是我们所说的成分分压。例如，78%的大气成分是氮气。如果大气总压力为 1 013 毫巴（即海平面平均压力），氮施加的压力为它的 78%，就是 790 毫巴，也就是氮的分压为 790 毫巴。水蒸气也一样，只是水蒸气的压力叫做蒸汽压。

随着大气里水蒸气数量的增加，水蒸汽压也相应增加，但是水蒸气的承受力会有一个限度，这就是饱和蒸汽压。水分子在蒸汽压的作用下通过氢键联结在一起，换句话说，就是冷凝。饱和蒸汽压会因温度的不同而有所变化。空气越暖，承载的水分就越多。在40℉（4℃）时，饱和蒸汽压大约是8毫巴，在60℉（15℃）时为17毫巴，在90℉（32℃）时达到47.5毫巴。

湿度

我们把空气的"潮湿度"叫做湿度，可以有几种方式描述。"绝对湿度"是指单位体积空气中的水蒸气质量，通常用克/立方米（缩写为g/m^3或者是gm^{-3}；$1\ gm^{-3}=0.046$盎司/立方码）。然而，温度和气压的变化会导致空气体积发生变化，尽管事实上没有增加或减少湿度，但温度和气压的变化改变了单位体积内水蒸气的量。绝对湿度的概念并没有考虑温度和气压的变化，所以绝对湿度用处不大，几乎不用。

"混合比"相对比较有用，混合比是对于单位体积量干燥空气中水蒸气含量的一种计量。所谓的干燥空气是指去除了水汽之后的空气。"比湿"和"混合比"非常相似，不同之处在于它所计量的是单位体积空气中所含水蒸气的量。这一空气是没有特意去除水汽的空气。两者都用克/立方米表示。

空气中到底含有多少水汽呢？这个差异很大。在干热的沙漠水汽量几乎为零，但从未到达零。在暖湿地区，水蒸气含量可占大气总量的7%，即100磅的空气中含有7磅水分。

我们比较熟悉的是"相对湿度"（RH），相对湿度最容易测量，可以直接通过湿度计或者参照图表得到，我们在天气预报里听到的就是相对湿度。相对湿度是单位质量空气中水汽的质量和该空气在同一温度达到饱和时含有的水汽的质量比，用百分比表示。当空气达到饱和,相对湿度值是100%(通常省略%)。

云凝结核

当达到了饱和蒸汽压,你会认为水蒸气将立刻凝结成水滴,但实际上并不是那么简单。在非常洁净的空气里,有时大气压力会超过饱和蒸汽压,但不会超过很多,相对湿度很少超过101%。因为水蒸气很容易在表面上凝结。你可能看到这样的现象,在温暖的房间里,湿气会凝结在冰冷的玻璃窗上,或者在晚上湿气会凝结在小草和叶子上,形成露水。空气中含有一些小粒子,水汽在这些小粒子上凝结,这些小粒子就是云凝结核(CCN)。

并不是所有粒子都能成为云凝结核,水不会凝结在直径大约为0.002微米[1微米(μm)等于1毫米的千分之一,或者一米的百万分之一,或者0.000 046英寸]的小粒子上。因为曲面上的饱和水汽压力比平面上的要高,并随着曲率增加而增加,这就是"曲率效应"。它主要是因为水分子之间的连接力在平面上最强,随着表面曲率的增加而减弱。结果曲面上的水比平面上蒸发得更快,小水滴比大水滴蒸发得更快。在极其微小的粒子上形成的水滴立刻就会蒸发掉。

直径超过20微米的大粒子也不能成为云凝结核,因为过重而下沉,它们不能长时间保持在空中,所以水蒸气也没法凝结在上面。最适合的就是直径在0.2—2.0微米之间的粒子。陆地上每立方英寸大气平均含有8万到10万个粒子(每升500万—600万个)。远离陆地的海上每立方英寸大气大约含有1.6万个粒子(每升100万个)。

吸湿性物质将会溶解在它们从空气吸取的水汽中。食盐具有吸湿性,如果将食盐裸露于空气中,不久晶体就会粘在一起,就像盐变湿了一样。再过一段时间，盐就变成液体——实际上是变成了浓缩液。有些云凝结核也具有吸湿性，随着相对湿度的增加，它们开始吸收空气中的水分。海水蒸发进入空气，遗留下细微的盐晶体飘浮在空气中。空气中的吸湿核包括一些灰尘、烟雾和硫酸盐（SO_4），它们都是污染物质。当相对湿度达到78%时，盐晶体的周围的水汽就开始形成水滴，其他吸湿核需要更高的湿度才开始吸收水分。当相对湿度达到90%时，空气中充足的水蒸气会凝结形成霾，这样会降低空气的能见度。一旦形成水滴，更多的水汽就会凝结在上面，它就不断扩大。这些水滴又不断结合，最终会带着云凝结核从云中落到地面。

蒸发

水首先要通过表面蒸发进入大气。众所周知，如果我们将一碗水放置一段时间，水就会消失。它是从液态转变成气态，水分子进入到空气，并完全与其他大气分子结合。这就是蒸发。

在液态水中，水分子彼此相互吸引，它不停地完全没有规律地运动，但是每个水分子的四周都存在着其他水分子的引力。这种吸引力在分子的四周都相等，所以尽管是在液体内自由运动，任何方向吸引力都均等，这个力也就抵消了。除非它们冲破这种束缚力，否则的话，它们都不会彼此分离。

但是，表面上的水分子就不同了，因为上面没有吸引它的水分子，所以相对于下面的水分子，上面的水分子就不太稳定，它们可以逃离，裸露的水面上的分子总是可以自由地离开水面。离开水面也需要能量，水分子的能量越大，它进入空气中的速度就越快，这就是

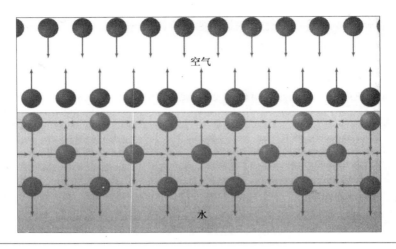

图6　作用在水分子上的力
液体内部的分子被周围各个方向的力所吸引。液体表面的分子不会被水上的力所吸引。

温水比冷水蒸发快的原因。热量使水分子运动加快,所以很容易脱离水面。

表面水分子的运动状况跟碗里的水相似。但是如果表面像水滴一样是弯曲的,吸引力就会比较弱。因为表面水分子并不是在四周都能与另一分子相结合,由于有曲率,所以吸引力就会稍微弱。因此,倾向力(推向一边)减小。曲率越大,倾向力减少得就越大。这刚好解释了曲率效应,根据曲率效应,小水滴比大水滴蒸发得快。

液态水表面以上的空气中也含有水分子,它们也没有规律地运动着,但当它们靠近表面时,液态水分子会吸引它并与之结合,这样从气态水凝结为液态水,所以水分子就是在液态与气态之间不停地转变。

如果离开液态水表面的水分子多于进入表面的水分子,很明显液体体积会减小，这样就形成了蒸发。如表面以上的大气层在瞬间水分子很多，它们进入表面的速度与离开表面的速度一样快，水就不会蒸发，表面以上的大气层处于饱和状态，这时施加到表面上的压力就是饱和蒸汽压。

潜热

热是能量的一种，但是与温度不同。当原子或分子吸收了热能，运动速度就会加快；或者如果它们像固体一样结合在一起，它们振动得会更加有力。当运动或是振动的分子撞击另一物质时，它们就会把一部分能量转移到另一个物质。它们运动速度越快，撞击越频繁、越剧烈，转移的能量就越多。就像我们皮肤的某些神经和温度计球里的液体一样，传感器也能探测到这一撞击。我们的皮肤神经发出信号，大脑破译为温暖；温度计里液体分子运动加快，所以液体膨胀上升到一定的位置，我们能够读出温度。给水加热，水的温度就会上升。

为了离开液体表面而进入大气，水分子还需要一点能量，从而能够打破使它们与周围水分子结合的键。冰的融化也是如此，冰晶体中紧密联结在一起的水分子需要足够的能量，打破使它们与周围水分子结合的键。这种能量不会使分子运动加快，所以温度计测量不出，你的手也感觉不到。它是隐藏的能量。苏格兰化学家约瑟夫·布莱克（1728—1799）在1760年发现了这种能量，称它为潜热，这个名字现在依然使用。

冰在32℉（0℃）融化，必须每克吸收334焦耳的热量（334焦耳/克=80卡/克）。如果水在32℉蒸发，它必须每克吸收2 501焦耳的热量（600卡/克）。在干燥、寒冷的空气里，冰可以不融化为液态，直接由固态转变为气态，这个过程叫做升华。它可以在32℉时发生，每克需要吸收2 835焦耳的热量（680卡/克）——融化和蒸发潜热的总和。潜热会因温度不同有细微的变化，这就是我们提到温度的原因。

当水汽凝结成液体或直接变成冰（叫做凝华）时，或者当水结冰时，都会释放潜热。冰的内在能量比水小，而水的内在能量又比水汽小。结冰时所释放的潜热量刚好和融化时所吸收的潜热量相同，凝结时所释放的潜热量与蒸发时所吸收的潜热量相同，凝华时所释放的潜热量与升华时所吸收的潜热量相同。

水与气候

水分子从周围物质吸收潜热，当释放潜热的时候又还给周围物质。吸收潜热并不会增加或降低水的温度，它只是用来打破氢键，当氢键重组合的时候潜热又被释放出来，也不会改变周围的温度。

潜热的吸收与释放是另一种大气传送能量的方式。在炎热的热带地区，水迅速蒸发，由于吸收了表面潜热而使地面变冷。汗液蒸发，我们会觉得很凉快是同样的道理。蒸发后的水汽在温暖的空气中上升，随之上升温度又会下降（参见补充信息栏：绝热冷却与绝热升温），风在水平方向吹动水汽。当空气冷却到露点温度，水汽开始凝结而形成云，这个过程释放的能量使空气变暖，这样热量就从水分蒸发的温暖区域传送到水汽凝结的凉爽地带。如果地球是完全干燥的，那么热带地区会比现在更热，其他地方会更冷。

补充信息栏：绝热冷却与绝热升温

底层空气总是承受着来自上层空气的压力。我们用气球来举个例子。这是一只被吹起了一半的气球。由于气球是用绝热材料制成的，因此不管气球外面的温度如何变化，气球内部始终是恒温的。

现在气球升入空中。假设气球内部空气的密度小于气球上方的空气密度，气球一路上升。受上方空气压力和下方高密度大气的共同作用，气球内部的空气不断受到挤压，但是气球最终还是升到了高空。

随着高度的增加，气球距离大气顶层的距离越来越短，气球上方的空气越来越少，对气球产生的压力也随之减小，同时由于空气密度越来越小，来自底层空气的压力也在减小。气球内的空气开始膨胀。

当气体膨胀时，其分子间的距离会加大，也就是说虽然分子的数量没有增加但占据的空间变大了。所以分子间会不断冲撞以使其他分子为自己让路，这就要消耗掉一部分的能量。因此气体膨胀过程中会有能量的丢失，而能量的减少又减缓了分子运动的速度。当运动着的分子撞击到其他分子时，有一部分动能会被受撞击的分子吸收并转化成热量。受撞击的分子的温度会随之增加，增加的幅度与撞击它的分子的数量和速度有关。

随着气球膨胀程度的增加，分子间的距离越来越大，所以每次只有少量的分子相互撞击,并且由于分子运动速度下降,撞击的力度也在减少空气温度的下降。

　　当气球内部的空气密度大于外部空气时气球开始下降。气球上方的压力逐渐加大,气球收缩变小。气球内部的空气分子获得更多的能量后温度开始回升。通过以上的分析我们看出气球内部空气温度的上升和下降与气球外部的空气无关。空气的这种升温和降温方式被称为绝热冷却和绝热升温。

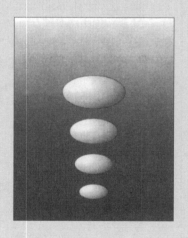

图7　绝热冷却和绝热升温
绝热冷却和绝热升温是上升空气和下降空气的气压造成的结果。空气受到上面的空气重力和下面密度大的空气的挤压。当空气升到密度小的空气范围时,空气膨胀,温度下降;当空气下降到密度大的空气范围时,空气压缩,温度上升。

如果没有水，地球上将不会有生命存在。正是因为有了水，我们才可以愉快地生活。水可以调节气候，使热带变得凉爽、极地周围变得暖和。水还可以有效地清洁大气，要是没有水，大气就会肮脏不堪，充满有毒物质。

雾的种类

雾就是云，只不过是在地面上我们可以看到的云。白天有雾的时候，几米以外的物体看起来模糊不清，远处的物体和路标完全看不见。如果雾很浓的话，人们几乎看不见什么东西，大有"伸手不见五指"的感觉。

如果你在郊外或是山上遭遇了雾，除非你绝对确定你的方位而且可以凭指南针独自行走，否则你就必须原地不动直到雾散去，因为继续前行十分危险。走运的话你只是完全迷失方向，不幸的话可能掉进沼泽地或跌下悬崖。如果地面没有控制人员的导航，飞行员绝不会从低云层里下降。原因很简单，因为飞行员看不清前方，可能导致飞机撞向山坡。

在雾里开车会更糟、更危险。车前方的雾就像是一堵能够反射车灯光的灰白色的墙，很多交通事故都是由雾造成的。海上的雾会更厉害，因为没有可以导航的墙、树木和围栏，海员看到的只有四周的雾和大海。在没装雷达之前，如果周围有暗礁或海岸，或者有船只失事，船员无从知晓。

雾是很严重的坏天气，从专业角度说，雾可以使水平能见度降低到1 093码（1公里）以内。如果能见度降低了，但是能见度范围还大于1 093码，这种情况称作轻雾。如果能见度降低了但能见度范围还在1.2英里（2公里）之上，这时称作霾。霾是由主要含有土壤颗粒的固体粒子引起的，但是如果空气湿润，粒子会起到凝结核的作用，水汽会凝结在上面。为什么雨后的空气那么清新，能够看到远处物体的清晰轮廓呢？因为雨水冲走了大气中的霾颗粒。除非你是风景画家或是摄影师，否则在下雨之前你一定没有注意过霾。但是当天空晴朗的时候，你会发现这时的天气与有霾时有多么大的不同。

温度直减率

登山运动员和爬山者遭遇雾的频率比一般人多。在山谷里向山上遥望，你会看到山顶高耸入云。任何登山者都要穿越过云层，穿过云层后可以呼吸到清新的空气。地上的云被称作雾。那么为什么云会在地面上呢？

随着海拔升高，温度下降，所以在山间行进的时候，带上保暖些的衣服不失为明智之举。山上的空气很凉，那么到底会凉到什么程度呢？上升的空气会绝热冷却（参见补充信息栏：绝热冷却与绝热升温），干空气每上升1 000英尺温度将稳定下降5.5℉（每100米1℃），温度随高度下降的比率叫做温度直减率。这种说法就是干绝热直减率（DALR）。

暖空气比冷空气含有更多水汽，结果，随着温度下降，相对就会湿度上升。当相对湿度达到100%，水汽开始凝结，就形成云，这种现象发生的高度叫做抬升凝结高度。如果我们知道地面空气温度和露点温度，就能够计算出抬升凝结高度，但是要计算精确相当复杂。

如果山脚处空气温度是70℉（21℃），露点温度是50℉（10℃），在大约3 600英尺（1 000米）的高度，登山者遇到的温度为50℉。在这个高度能够形成云，所以登山者在这里会遇到雾。

一旦蒸汽开始凝结，就会释放潜热，使周围空气变暖，使温度直减率从干绝热温度直减率（DALR）降低为饱和空气绝热直减率（SALR）。饱和空气绝热直减率永远都小于干绝热温度直减率，但其精确值因冷凝空气量的不同而在从每1 000英尺2.7℉到每1 000英尺4.9℉（每千米5℃—9℃）的范围内变化。平均值为每1 000英尺3℉（每千米6℃）。

但是正如名字所示，干绝热温度直减率和饱和空气绝热直减率两者都只适用于绝热状态下冷凝的空气，所以并不适应现实世界的条件。先测定地面温度，再从地面温度中减去对流层顶的温度，得出的结果除以对流层顶的高度，对流层顶的高度以千英尺或千米为单位，这样就可以计算出实际的直减率。假设山脚处的温度是70℉（21℃），中纬度地区对流层顶的高度大约是3.7万英尺（1.1万米），平均温度是-67℉（-55℃）。所以地面温度和对流层顶的温度差为137℉（76℃），然后除以对流层顶的高度3.7万英尺（1.1万米），直减率大约为每1 000英尺3.7℉（每1 000米7℃）。这就是环境直减率（ELR），它介于干绝热温度直减率和饱和空气绝热直减率之间。这三者的关系决定着大气的一些重要性质。例如，它可以决定在远离山区的地面是否能够形成雾。

稳定性与不稳定性

雾在稳定的空气中形成，如果稳定的空气被迫上升，一旦提升力不足,它又会立刻下降,这种现象会在环境直减率小于干绝热温度直减率和饱和空气绝热直减率时发生。

假设某一天,地面温度是60℉(15.5℃),环境直减率是每1 000英尺2.5℉(每1 000米4.5℃)。那么它是小于干绝热温度直减率(每1 000英尺5.5℉;每1 000米10℃)。如果空气是被迫上升,它就会以干绝热温度直减变冷,而且在任何高度它都比周围的空气冷。例如,在1 000英尺(300米)处,上升空气的温度将会是60-5.5=54.5℉(12.5℃),但是周围空气的温度是60-25=57.5℉(14℃)。上升的空气比周围空气温度低,所以密度就更大。如果可能的话,它会下降到与周围空气密度相同的高度。

在这个例子里,环境直减率也是小于饱和空气绝热直减率(每1 000英尺3℉;每1 000米6℃)。结果即使是上升空气变得饱和了,它也仍然可以保持稳定。

当环境直减率比干绝热温度直减率和饱和空气绝热直减率高时,情况就刚好相反,空气就会不稳定。地表以上的任一高度,上升空气都比周围空气暖,所以密度相对较小,将会继续上升,图8显示了这两种情况。

这就是绝对稳定性和绝对不稳定性。还有另一种不稳定性,叫做条件不稳定性。当环境直减率小于干绝热温度直减率,但却大于饱和空气绝热直减率,而且上升的空气是潮湿的时候,会产生条件不稳定性。首先依据干绝热温度直减率空气变冷,因为干绝热温度直减率大于环境直减率,所以空气稳定。然而,要是上升到抬升凝结高度之上,空气会在饱和空气绝热直减率的作用下继续变冷,这样就低于环境直减率。所以在抬升凝结高

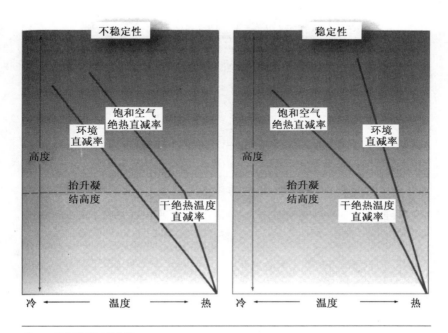

图8　稳定性和不稳定性
如果环境直减率高于干绝热温度直减率和饱和空气绝热直减率,空气就不稳定。

度之上的任意高度,上升空气都比周围空气暖且密度小,会一直
上升。

　　不稳定空气中蒸汽凝结形成的云是向上移动的。他们是积状
云——积云和积雨云(参见补充信息栏:云的种类与云的分类)。积
状云能够遮盖山脉,在山坡上形成雾,但是积状云不能够在地面上
形成雾,因为这种云依靠远离地面、逐渐攀升的空气。稳定大气中
形成的云只是很薄的一层,如层云和雨层云,它们能够覆盖到地面。
事实上,人们通常所说的雾是地面上的层云。

补充信息栏：云的种类与云的分类

　　根据云的形状，云可以分为10个基本类型，这10种云的名称是在卷云、积云和层云这些拉丁语名称的基础上划分的，分别是卷云、卷积云、卷层云、高积云、高层云、层云、雨层云、积云和积雨云。尽管都是不同的变体，但是每一种名称都有一些独有的特征。

　　卷云稀薄且纤细，形成的带状云尾巴有时会卷曲。卷层云非常薄，所以透过它也可以清晰地看见太阳。卷积云是薄薄的块状云。这三种云都是由冰晶体组成的。

　　高积云成块状或卷状的云。高层云是无特征的片状云，透过它看太阳和月亮清晰明亮。高积云和高层云主要由水滴组成，但有时会与冰晶体混合在一起。

　　层积云是柔软的灰白色卷状或块状云，有时会汇集成一大块云。层云是薄薄的灰白色云，有时带来蒙蒙细雨。雨层云和层云很像，但云的颜色更深些；经常带来稳定持续的降雪或降雨的天气。层云系列都是由水滴组成的。

　　积云是由水滴组成的白色浓云，底部平坦，顶部形如花椰菜，有时小的积云聚在一起形成更大的积云。积雨云是一种暴雨云，黑色呈塔状，云层向上伸展形成砧形。它能够带来大雨和雷暴，有时会带来龙卷风。积雨云底层由水滴组成，顶部是冰晶体。

　　根据云的低层高度，可以把云分为高空云（卷云、卷层云、卷积云)、中空云(高积云、高层云、雨层云)和低空云(层云、层积云、积云、积雨云)三类。

表1 云的分类

云的高度	云底高度					
	极 地		温 带		热 带	
	/1 000英尺	/1 000米	/1 000英尺	/1 000米	/1 000英尺	/1 000米
高空云	10—26	3—8	16—43	5—13	16—59	5—18
中空云	6.5—13	2—4	6.5—23	2—7	6.5—26	2—8
低空云	0—6.5	0—2	0—6.5	0—2	0—6.5	0—2

遍及山腰的雾可能是在山腰上形成并延伸到山脉以外的云,或者是在被迫上升的空气里形成的云。在这种情况下,空气在上升过程中绝热冷却,当超过抬升凝结高度后开始形成云。这种雾叫做地形雾或上坡雾。地形雾是研究山脉地理学的一个分支。

夏延雾

如果空气提升得相当高,上坡雾就能在坡度小的山上形成。当来自墨西哥湾的海洋热带气团向西移动、朝落基山脉慢慢攀升的时候,在美国的西部大平原这种雾十分普遍,随着空气上升,空气绝热冷却22℉(12℃)。

东风把潮湿的空气带到了落基山脉的山麓丘陵地带,加剧了这个过程,这样将形成夏延雾。夏延雾将从美国得克萨斯州的阿马里洛蔓延到怀俄明州。

云为什么有云顶？

人们知道云在抬升凝结高度形成，这是云底，有时云底也可能接近地面，但是我们却看不到云或雾的上限。当你在云层上空乘飞机飞行时，你可以清晰地看到云顶。登山的一大乐趣就是可以穿越云层或雾，然后向下俯视，甚是怡然。如果十分幸运，你还可以欣赏到头上蔚蓝的天空。但事实经常会是你所处位置的空气很清新，但是头顶上还会有另一个云层。

就像水汽在相对湿度达到100%的时候凝结一样，当相对湿度降低时，水滴将蒸发。在抬升凝结高度，相对湿度几乎达到了100%，但是在云形成的潮湿空气以外地方，相对湿度就非常低，不会发生凝结现象。或许是因为含有的潮湿空气少，或许是空气比较暖，总之这里的空气更干燥一些。

凝结会带走空气中的水汽，所以尽管空气里充满了液体云滴，但气体水的量减少了。随着空气的上升和云的形成，当空气上升到一定的高度，水汽的含量大幅度地降低，使得相对湿度远远低于100%。所以在这个高度上凝结终止，而在这个高度之上空气清澈，这一点就是云顶，但实际上云的最顶层是渐渐变薄直到全部消失。

有时在两个云层中间夹着一层清新的空气，这是暖空气在上、冷空气在下的锋面系统行进时所造成的现象。下面不稳定的冷空气中发生对流，产生了积云。冷空气之上，由于暖和的锢囚锋的原因，稳定的暖空气产生了高云层或卷层云。

当潮湿的空气穿过密度大的空气升高时会形成云，而且周围密度大的空气很干燥，结果游离在云外侧的液体云滴就蒸发掉了。云内部的饱和空气与云外部的不饱和空气出现了分界线，这可以解释云的四周的各个状况。

辐射雾

天气晴朗的早晨，住在山顶的人们常常可以享受明媚的阳光，而山谷里的人们只能在雾中摸索前进。因为山顶在雾之上，所以向下看会发现灰白色的云笼罩着大地，只有高楼大厦的顶端露出云层。

这就是辐射雾。在白天，大地吸收了太阳的热量，但也由于辐射消耗热量，因为任何一个物体只要比周围物体温度高，它就开始辐射热量，这叫做黑体辐射。白天地面吸收热量的速度比辐射热量的速度要快，所以地面变热。然而一旦夕阳西下，停止了吸收热量，而黑体辐射依然持续，地面会将白天吸收的热量辐射出去。如果刚好是多云的天气，云层将大部分的辐射反射回地面。使得夜间地面冷却的速度减慢，所以多云的夜晚比晴朗的夜晚更暖。

晴朗的夜晚由于辐射热量，地面迅速冷却，近地面的空气也随之变冷，在地表形成一个十分稳定的冷空气层，因为它上面的空气明显要热很多。近地面的空气就一直围绕着地面运动。如果空气潮湿，底层空气会冷却到露点温度以下，水汽就会凝结，结果在地面形成云，也就是雾。

如果空气十分稳定，形成的雾会很薄，甚至可能仅仅是齐膝高的辐射雾。雾盘旋在大腿的高度，人们可以仰望着蔚蓝的天空，在雾中行走。如果有微风吹来，风速在每小时2—2.5英里（3—4公里）以下，这时可能会形成旋涡，下面的雾与上面的空气混合在一起。雾层能够向上延至100英尺（30米）。

山坡上面的空气比下面的温度低。晚上，尽管由于辐射，整个山坡都消耗热量，但山坡上面与下面的空气温差依然存在。雾很可能在海拔高的山坡上形成，但是因为那里的空气比下面的冷并且密度大，所以会沿着山坡下沉，雾也随之下移。所以清晨雾降到山谷中，而山顶上却没有雾。

晴朗的天气里辐射雾会很快散去。因为太阳升起，使地面变热，近地面的温度升高超过露点温度，这时雾开始从地面蒸发。因为太阳的热量穿过空气时并没有使空气变暖，而是被地面吸收，所以空气升温的唯一途径就是与地面接触。因为它是自地面向上蒸发，所以似乎雾本身也在上升，但实际上雾并没有上升，它的顶端依然在原来的高度。通常这种雾可以完全散去，但有时会留有一层低层云的痕迹。

平流雾

当潮湿、温暖的空气在寒冷的表面之上移动时也会产生雾，这是平流雾。平流是指空气或水（如洋流）在水平方向进行的热量传送。与表面接触的空气变冷，空气的湍流运动使表面空气与上面空气混合，空气温度降低，造成水汽凝结。

平流雾比辐射雾厚，可以延伸到地面2 000英尺（600米）以上的高度。平流雾比辐射雾覆盖范围大，持续时间长。平流雾厚是因为它们需要每小时6—10英里（10—30公里）风速的风来产生足够大的湍流来混合空气。这种风力的风既可以冷却更厚的雾层，又可以把雾抬升得更高。风也可以把平流雾吹得更远，所以才会比辐射雾覆盖范围大。平流雾更持久是因为它不是由白天变暖、晚上变冷这种每天周期性的温度变化引起的。平流雾持续的时间跟潮湿的空气继续被表面冷空气冷却的时间一样长。

海雾是平流雾的一种,它在寒冷的洋流之上和冷水涌出水面的地方形成,海雾使上面流过的空气变冷,有时风会将海雾带入内陆地区。美国的旧金山经常遭遇海雾,海雾在潮湿、温暖的空气中形成,这种潮湿、温暖的空气穿过寒冷的加州洋流,向平行于海岸的东南方向流动。

旧金山每年平均有18天遭遇浓雾,海湾金门大桥悬浮于雾上的照片就足以说明那里浓雾频繁。再往北,位于哥伦比亚河入口处的华盛顿州的迪萨波特门德角,1年有1/3的时间都是有雾天气,总计超过2 500小时,相当于整整106天。在东海岸,缅因州的莫斯里克灯塔平均1年有66天有雾,还有纽芬兰岛上的圣约翰1年有124天有雾。世界上雾最多的地方是纽芬兰岛的阿根廷,它在寒冷的自北极向南流动的拉布拉多洋流附近,此洋流经常携带一些冰山,与墨西哥湾暖流带来的温水相遇形成雾。阿根廷平均1年有130多天有雾,在1936年曾经有230天有雾。

蒸汽雾

当冷空气穿过温暖的水面时会产生雾。从温暖的水中蒸发的水汽使冷空气中的云层饱和,水汽凝结,但是下面受热的空气中的水汽继续上升。随着水汽上升,空气变得干燥,雾会蒸发。结果看起来像从浴缸升起的蒸汽,所以叫做蒸汽雾。

在秋天,蒸汽雾在湖上和河上很普遍。地面比水面冷却得更快,所以一时间它们在温度上有明显的差异。这种差异在北极更加明显，因为离开冰原的空气比海水低35℉（20℃），结果雾很浓，形成有名的北冰洋蒸汽雾。

锋面雾

有时在真正阴沉的天气，下着毛毛雨的低云一直到达地面，这就是锋面雾。尽管锋面雾与上面的云相连，但两者却有区别。

当暖锋置于几乎饱和的冷空气之上时就形成了锋面雾，暖锋上的雨层云会造成稳定的降雨，雨水穿过暖锋进入下面的冷空气。随着雨水的下降，部分雨就蒸发掉了。这使得冷空气的相对湿度达到饱和，水汽凝结，这样形成的雾一直延伸到地表。因为有雨穿过其中，所以锋面雾是所有雾中最潮湿的。

冻雾

在所有雾中最令人讨厌的就是在地面和汽车挡风玻璃上结上一层冰的雾，这就是冻雾。

当温度降至32℉（0℃）时，水滴并不一定结冰。结冰需要冻结核，有了它，水滴可以在上面形成冰晶体。但冻结核比云凝结核稀少，所以尽管低于冰冻温度，云滴和雾滴还是常常保持液态。在实验室里，水滴可以冷却到-40℉（-40℃）才开始自发结冰，这时的液滴称作过冷的液滴。

过冷雾滴被低于冰冻温度的空气包围着（否则就会升温），所以使周围的固体物质温度也低于冰冻温度。当雾滴与低于冰冻温度的地面接触时，就会立刻结冰。

因水滴体积非常小，所以在接触的瞬间整个水滴完全结冰，但体积大一些的水滴是从接触地面的一边开始先结冰,然后自此向另一边发展,直到完全结冰。水滴相继形成的冰晶体覆盖于地面,晶体吸收了缝隙的空气,所以冰呈现出不透明的白色。

火、汽车、烟雾和雾

燃料燃烧时会发生什么现象

雾令人十分讨厌，在雾中行进更是危险十足，但是呼吸雾不会伤害身体。雾滴凝结在云凝结核上，尽管它可能由有毒物质组成，但分布得相当稀疏以至于不会损伤人们的呼吸道组织和肺，所以人们呼入的物质基本上和湿气一样没有危害。

如果自然界不存在的物质进入空气，就出现了问题。如果这些物质的量足以危害到植物、动物或人的话，这时的空气就已经被污染。

燃料燃烧使人们遭受大量的空气污染，这不是什么新奇现象。自古以来，大火就一直在污染着空气，而且有时污染十分严重。

就世界整体而言，燃料燃烧给我们提供85%的使用能量，其余能量由水力发电及核能提供，更少的还有风能及地热。在美国，70%的电能是靠燃料燃烧获得（而用的大部分燃料是煤），20%的电能来自核反应堆，其余10%由水坝里的水电汽轮机提供。在英国，与之相对应的数字是71.2%（主要是天然气），27.4%和1.4%。大多数工业国家的能量百分比与此类似，但是在法国，78.4%的电能源自核反应堆，13.8%是水力发电产生，而仅有7.8%是依靠燃料燃烧。大多数的非工业国家更多地依赖燃料燃烧，但是其中有些国家，像不丹（99.6%）、布隆迪（98.3%）和刚果民主共和国（99.7%），却主要依赖水力发电。

什么是燃料

生火需要燃料，燃料是可以燃烧的物质。燃烧的过程是一种剧烈的氧化过程。氧化过程就是氧气与另一种物质或一种失去电子的物质结合的过程。物质失去氧或得到电子就是被"还原"，所以氧化反应与还原反应总是同时发生。这种结合反应通常叫做氧化还原反应。

然而燃烧过程中，氧化过程只集中在局部，而还原反应涉及周围很大范围，但结果又迅速消散。氧化在氧化还原反应中至关重要。

氧化是放热的过程——在此过程中能量以电磁辐射的形式释放，人们可以利用从中释放的热量。所以氧化过程可以作为一种能源用于生活取暖及其他有益事情。

能量不能自行产生或消失，因为宇宙中的能量是固定的。我们只能将能量从一种形式变为另一种，其间总会有一定的损耗。燃烧把贮存在燃料中的化学能量转化为光和热——电磁辐射。（核能将粒子中的动能转化为热能，水力发电将流水的动能转化为电能。）

我们在家里、工厂、发电厂和车辆等处使用的燃料是碳氢化合物。甲烷是最简单的一种碳氢化合物。甲烷分子由1个碳原子和4个氢原子的结合。甲烷是天然气的主要组成部分。泥、木头、煤和石油也是碳氢燃料,所以它们包含碳氢化合物。有许多种碳氢化合物,很多都含有非常复杂的混合物。

煤烟与烟雾

燃烧是个连锁反应(参见补充信息栏:什么是火焰),一个分子的氧化会引起更多分子的氧化。这一反应向外迅速传递,温度升高足可以使分子挣脱碳氢键的束缚,所以碳氢被氧化分离。

氢被氧化产生水:

$$2H_2 + O_2 \rightarrow 2H_2O + 能量$$

碳被氧化完全反应后产生二氧化碳(CO_2):

$$C + O_2 \rightarrow CO_2 + 能量$$

如果没有足够的空气完成氧化反应,就会发生:

$$2C + O_2 \rightarrow 2CO$$

CO是一氧化碳,是有毒气体。在通风很差的房间里,煤气或煤油的燃烧可能会导致一氧化碳浓度达到十分危险的程度。然而在高楼林立的拥挤的城市街道上,尽管一氧化碳浓度不足以形成持久的伤害,但也可能升高。

当碳氢化合物燃烧,氢被氧化之后,碳以各种气体形式保存下来,这个过程产生的物质就是煤烟。如果燃烧充分,连锁反应继续下去,煤烟也就被完全氧化。羟基(OH)刚好说明火焰中或火焰附近的煤烟的氧化过程。这样羟基浓度降低,而且各种气体的氧化也使得羟基变少。

然而，燃烧并不总是十分充分的，不充分燃烧使煤烟在热气中溜走。当气体冷却，煤烟凝结成含有碳和灰混合物的黑色固体颗粒。氢被氧化后产生的水汽也凝结了。这样水滴与煤烟的混合物就是人们常见的烟雾。户外燃烧煤和木头的生活用火通常都不能完全燃烧，是烟雾的主要来源。工业熔炉和焚尸炉燃烧大量的燃料，但最终只产生很少的烟雾。当然，现在已经禁止工厂向空气中排放烟雾。然而据大气学家估计，就世界总体范围来讲，燃料的燃烧以及树枝、草地和森林大火的燃烧、还有人们用于清除森林和庄稼废物的火以及其他植物等的燃烧加在一起，每年排放 1 300 万英吨的煤烟（1 200 万吨）。

补充信息栏：什么是火焰？

划一支火柴就会突然出现火焰，吹一口气火焰又会消失。那么是什么产生的火焰？火焰又是什么？它又消失到哪里去了？几千年来，人们一直在考虑这些问题，但直到 1815 年人们才找到答案。英国化学家亨弗利·戴维公爵（1778—1829）被委任发明一种矿工用灯，这种通过点燃易燃气体发光的灯在煤矿里不会引起爆炸。1815 年当他开始着手这项工作的时候，发现没人知道火焰内部发生了什么，所以他必须亲自找到原因所在。

现在的火柴头是由红色磷制成的（也可以染成其他颜色），火柴在粗糙的表面或安全火柴在含可燃物质的表面划动都会产生摩擦，摩擦使火柴头温度升高，足可以使磷燃烧，直到将火柴棍烧着。火柴棍是由木头、纸板或蜡棉制成，还有部分是由石蜡制成。

当温度升高到足以使石蜡中的碳氢化合物蒸发并引起碳氢氧化时，火柴棍才开始燃烧。氧化过程释放能量，所以相邻的分子吸收一部分能量，运动加速，部分物质蒸发到空气中。

分子间的碰撞越来越频繁、剧烈。由于碰撞十分剧烈，分子裂变成原子或裂变成自由基——高度活性的带有不配对电子的原子的组合。单个原子和自由基与气体分子结合，这样就促进了分子的氧化，因此碰撞越来越多，愈加剧烈，释放更多的自由原子和自由基。一个分子的氧化会刺激其他分子的氧化，这样就形成了连锁反应。

吸收能量也会激发一个或多个原子核周围的电子。这些被激发的电子跳到更高的能量级，但是几乎马上又返回到原来的能量级。当电子从高能量级降到低能量级时，会放射出一个光子，辐射量子或"粒子"。当许多电子返回时释放出稳定的光子流，这就是我们所看到的光，而光的颜色取决于光子的波长。这就是看得见火焰的原因。

氧化连锁反应产生的热量会蒸发掉火柴棍中更多的碳氢化合物，释放与空气混合的碳氢气体。如同气流形成的波浪一样，连锁反应向周围迅速扩展。反应即燃烧释放的能量足以将碳氢化合物分解为氢和碳，但它们是分别被氧化的。火柴与蜡烛在2 700 ℉（1 500℃）时燃烧；电子能量释放出黄光波长的光子，所以火焰为黄光。天然气大约在3 600 ℉（2 000℃）时燃烧，呈蓝色火焰。

如果要使连锁反应持续下去，很明显碳氢气体一定得与氧气混合。但火焰中心没有足够的氧气，所以气体不燃烧。中心外部的气体与空气的混合物仍维持燃烧，而火焰之外几乎没有可燃气体。只有在混合气体维持燃烧的地方连锁反应才得以进行，由此我们知道了燃烧的范围。

对流使热空气上升，所以火焰都向上燃烧，这与重力也有关，因为密度较大的冷空气降至暖空气以下，使得热空气上升。对流是重力现象，因此没有重力就不能产生对流。宇宙飞船上的火焰是球形的，所以热量也以球形向外辐射。

当空气或者燃料耗尽，火焰就熄灭。人们吹灭火焰时，呼出的气体迅速冲淡了气体与空气的混合物，就没有足够的气体来支持燃烧。电子也就不再活跃了，不会返回到低能量级，也不再释放光子。火焰就这样熄灭了。

氮和硫

占大气总量78%的氮不会迅速与其他成分和混合物反应，但如果有足够的能量，氮就会与氧气发生氧化反应。在汽车发动机里由于高温燃烧将导致氮的氧化反应，氧化反应将产生氮氧化物（NO_x）。有7种氮氧化物，但是其中只有2种是由燃烧产生并被列为污染物质，它们是氧化亚氮（NO）和二氧化氮（NO_2）。氧化亚氮和二氧化氮是靠紫外辐射提供能量，通过获得或失去一个氧原子，两者之间相互转化（$NO_2 \longleftrightarrow NO+O$），所以把它们二者合一也是合情合理的。

氮氧化物是严重的大气污染物质。尽管它们很少引起严重的伤害，但浓度很高的时候可侵害人体呼吸系统。氮氧化物的重要意义体现在大约15英里（25公里）高度以下的大气里，氮氧化物引起臭氧形成和光化学烟雾的产生。在此高度之上，它们耗尽臭氧。氮氧化物也可以溶解于云滴里形成亚硝酸（HNO_2），但亚硝酸不稳定，很快被进一步氧化生成硝酸（HNO_3）。这就使云和降雨的酸性更强。

我们用的燃料不是纯碳氢化合物，里面含有大量的其他物质，其中之一就是硫。但含量有所不同，只是硫是大多数煤的一般组成成分，或者更小的范围内，也是石油的组成成分。当燃料燃烧时，硫被氧化生成二氧化硫（SO_2）。二氧化硫浓度高的时候刺激人们咳嗽。偶尔，城市中积累的二氧化硫达到一定程度会导致肺部损伤。然而正如氮氧化物，二氧化硫的作用也是可以使云和降雨变酸性。因为二氧化硫氧化生成的三氧化硫（SO_3），溶解在云滴里形成硫酸（H_2SO_4）。部分酸与其他物质反应形成固体硫酸盐（SO_4）颗粒。有时沉积在地面上，有时以云凝结核的形式存在，这样又一次变为硫酸，煤烟能够迅速地吸收二氧化硫，所以煤烟是酸性的。

残余物

现在的工业用户从燃料燃烧产生的气体中转移二氧化硫，这种脱硫过程将遗留一部分残余物（参见"俘获污染物"）。残余物主要是由钙和硫构成的或干或湿的物质，带来一些飘尘、生石灰（氧化钙，CaO）和熟石灰[氢氧化钙，Ca（OH）$_2$]。每英吨煤燃烧经处理转移硫后，仍遗留350磅的残余物（每吨144千克）。

飘尘是含有硅、铝、铁和钙的粉末状残余物。每英吨煤遗留大约160磅飘尘（每吨66千克）。工业锅炉也产生底灰和炉渣。底灰和飘尘的成分相似，但质地与沙子很像。一英吨煤将产生40磅底灰（每吨16千克）。温度很高时，飘尘颗粒粘在一起，最终熔化形成熔融状炉渣。冷却以后凝结成坚硬的晶体物质，这就是炉渣，由化学成分类似于飘尘和炉灰、玻璃状的不规则形状的颗粒组成。每英吨煤燃烧产生100磅的炉渣（每吨41千克）。

所有这些残余物都将被集中以备他用。飘尘在开采矿井和铺路时作为水泥的替代品来稳固废堆和土壤。底灰可以用来制作混凝土砖块。炉渣可以用来过滤水，也可以为重工业清理充当清理喷沙。脱硫过程遗留的残余物在制作墙板和铺路时可以作为土壤调节物。

什么是化石燃料

从前，地下挖掘出的任何物质都可以算做是化石。包括宝石在内的矿物质都是化石，煤也不例外，还有死掉的动植物的残余物都属于化石。然而，它们却通常被错误识别了。一些人认为它们是形成于地下的矿物质——它们毕竟是由岩石组成——它们与海贝壳、骨骼、牙齿和树叶的相似之处纯属巧合，这种说法是错误的，但他们选用的"化石"这个词却是合理的。"化石"源于拉丁词 fossilis，是"挖掘"的意思。

所以化石燃料是从地下挖掘出的燃料。然而，现在对化石含义的界定更加局限。当我们谈到化石的时候，大家所指的都是很久以前的生物有机体的残余和痕迹（从技术角度来说，是1万多年以前的，没有这么久远的叫做亚化石）。至少在一定程度上化石燃料是因此而界定。尽管那些生物体已经很难辨认，但它们的确是有生命的生物体的残余。煤、天然气、汽油都是化石燃料。因为他们是在地下发掘的，而且至少存在1万年以上。尽管泥炭存留时间达不到1万年，可一些人也把它看做是化石燃料（或许应该称之为亚化石燃料）。然而核反应堆应用的燃料铀和钍尽管也是在地下获得而且时间久远，但它们不属于化石燃料。

泥炭

植物枯死后，植物的根、茎、叶将迅速分解，分解成化学成分回归土壤，其养分又会滋养其他活着的植物。

遗留在地面上的物质将被小的生物如蚂蚁、蜗牛和虫子吃掉。真菌和细菌也都以此为生。就这样，这些生物将植物残余和生成的废物分解。然而这些生物都需要空气，没有空气是不能生存的。在沼泽地下面它们根本无法存活。沼泽地被水浸透，水取代了空气。所以陷入沼泽的动植物只能部分分解，更多的物质落在沼泽上，上面的重量都压在部分分解的残余物上。最后就形成黑褐色或黑色纤维状物质，在里面植物的根茎依然可见。这就是泥炭。如果沼泽在一定程度上干透了，泥炭就可以被开采利用。

泥炭是传统的家用燃料,在欧洲西北部的大面积地区,特别是在斯堪的纳维亚半岛、爱尔兰和苏格兰高地,人们用它来做饭和取暖。在爱尔兰的一些发电厂用到泥炭,但总体上泥炭的使用呈下降趋势。因为要使用它,首先得切割,这需要用特殊的铲子把它挖出来并切成片状泥炭。然后将其堆起,排干其中的水分。之后垛在一起,自然风干。泥炭的切割、运输和堆垛既费力又耗时,基本占据了整个夏天的时间,这样冬天到来时泥炭能够完全干燥,可用于燃烧。工业用泥炭是由机器切割的。

泥炭燃烧缓慢,而且释放的热量也十分有限。城市里如果大量应用泥炭会造成严重污染,相对来讲在偏远的小山村,泥炭燃烧就不会带来任何问题。

煤

泥炭是植物残余向煤转化的第一个阶段,要完全转化成煤,泥炭必须被压缩直到小于原厚度的十分之一,然后在真空状态下受热。煤只在热带沼泽地形成。现在开采的大部分煤是由大约3亿年前的石炭纪时期存活在热带河流和海岸边的植物形成。还有一些是形成于大约4亿年前的志留纪时期。自此以后,地壳运动把含煤的岩石从热带移到世界各地。在南极也有大面积的煤储存地。

煤被加热的时候,一些成分蒸发到空气中,这些物质叫做"挥发物"。所含的挥发物越少,煤的质量就越高。泥炭大约含50%的挥发物,褐煤大约含45%,烟煤含18%到35%不等,无烟煤大约含10%。烟煤通常是家用的黑色煤。无烟煤质量最高,质地坚硬,可以雕刻出艺术品,搬拿的时候也不会弄脏手,但是家里生火用它却很难点燃。挥发物会污染空气，所以煤的质量越高，污染越小。

煤矿也会产生甲烷（CH_4）。为了与煤气相区别，所以把甲烷叫做天然气。在过去，煤气是在真空状态下加热煤得到的，主要由一氧化碳组成。煤气是十分重要的家庭与工业燃料，但是由于它是有毒气体，所以现在已经停止生产。甲烷是在与煤结合时形成的，在构造煤中甲烷被释放出来（参见补充信息栏：甲烷水合物）。甲烷是危险品，是许多爆炸和火灾的诱因。在1980年到2001年间，世界上有1 400多人死于矿井中的甲烷爆炸。现在矿井中的甲烷已经被开采利用。1990年美国的矿井给公用及工业用气提供几乎430亿立方英尺（12亿立方米）的甲烷。

木炭和焦炭

煤燃烧达不到制钢的温度，木头燃烧的温度也不能把矿石中的铁分离出来。当钢和铁成为重要商品时，就需要有替代燃料。首选就是木炭，它是在真空状态下经过数天加热木头制成的，成品主要由炭组成。木炭很轻，但体积庞大，极易渗水，燃烧时可以达到很高的温度。现代人烧烤主要用木炭。

木炭主要用来吸收气体和净化液体。它的吸收能力主要来源于多孔结构，而且在容器里或与二氧化碳、蒸气一起加热至1 650℉（900℃）时吸收能力增强，这样会生成活性炭，主要用于防毒面具和其他净化装置。

焦炭比木炭密度大，可以用于鼓风炉中以及其他一些冶金和化学工业的过程中。焦炭是由真空状态下加热烟煤制成的，这个过程叫做破坏性蒸馏。破坏性蒸馏会带走几乎所有的挥发物和一部分氢，生成含碳量更多的物质。家用的无烟煤就是焦炭的变体，与工业用煤不同，它是在温度稍低的情况下制成。

尽管焦炭散发的烟用肉眼看不见，但是它的确释放出二氧化硫和其他燃烧副产品。与所有炭燃料一样，焦炭也会释放二氧化碳。

石油和天然气

大多数天然气开采于油气基地，而非煤矿。天然气与石油一起形成，在岩石中承受巨大的压力。

与煤一样，石油也是由曾经有生命的有机体衍变而来，它们的残留物通常埋藏在河流三角洲处的沉积物里，渐渐地沉积物受到上面覆盖物质的压缩。如果厚厚一层受压缩的沉积物被夹在两个坚不可摧的岩石层中间，混有矿物质的有机物质就有可能转变为石油。只有在沉积物被剧烈地压缩后受热，有机物质才可能转化为厚厚的、带有异味的原油和天然气。

通常岩石塌下的背斜处可以发现石油，也可在盐丘上找到。盐丘是地表以下的一大块盐团。由于盐团比周围岩石密度小，岩石渐渐向盐团下面下沉，巨大的力量推动盐团向上缓慢运动，于是上升的盐团将它上面的岩石推入背斜处。

在以上这两种情况下，石油和天然气被储存在集油槽里，它们会填满所有多孔岩石间的缝隙，例如砂岩（沉积层的最初状态），慢慢向上移动，并且与水混合，在无孔岩石的下面积聚在一起，天然气在上，原油在下，这叫做天然覆盖层。有时就像三明治一样，石油和天然气可以交替生成。一旦上层储积层枯竭，向无孔岩石下层进行更深入钻探能够探到更深的储积层。

一旦钻井机穿透覆盖层,释放了压力,水和天然气会冲出地表。如果钻井机钻得更深或是井内几乎没有天然气,石油就会涌出地表。

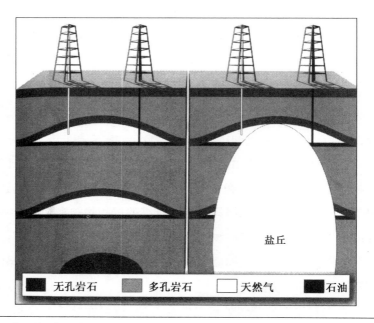

盐丘

■ 无孔岩石　　■ 多孔岩石　　□ 天然气　　■ 石油

图9　集油槽和集气槽结构图
石油和天然气存积在无孔岩石层间的多孔岩石里。

提纯

煤从矿井中开采出来就可以运给使用者直接使用,而石油和天然气却不能直接使用。天然气必须通过净化来脱掉水分和杂质,石油必须加工成可用产品,这种加工过程叫做提纯。

原油是许多碳氢化合物的混合体,每一种碳氢化合物的沸点都各不相同。所以可以通过加热把它们分离出来,然后分阶段冷却,通过蒸汽冷凝在不同时间段将它们分离开来。通过蒸发与凝结来提纯物质的过程叫做蒸馏——纯净水和蒸馏水也使用这种方法制作。就石油而言,不同的碳氢化合物在不同的阶段被冷凝,这些不同的物质组合叫做分馏物,提纯的过程叫做分馏。

分馏是在由水平分馏盘分隔成许多层的分馏塔内进行。除了最底层分馏盘外,其余每一层分馏盘的顶部都有一个促进冷凝的半球状的带孔的覆盖层。分馏塔的下面加高温,自下而上的每一个连续层面的温度都在递减,因为上面的分馏盘都比它下面的分馏盘远离热源。

原油形成于最底层,当加热到750℉(400℃)以上时,大部分原油就会蒸发,残余物由在不同过程中分离出的碳氢化合物组成,残渣生成的成分可制作润滑油、固体石蜡和含有柏油、沥青的黑色柏油。固体石蜡是通过先溶解而后再从溶剂中提取而分离出来的。

蒸气上升到上一个层面,在这里最先的分馏物冷凝并被分离形成液体。接下来上一个

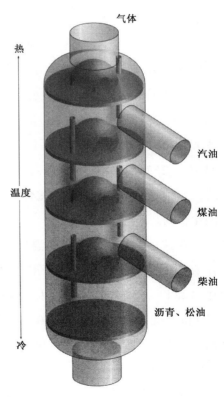

气体

热

温度

冷

汽油

煤油

柴油

沥青、松油

图10 分馏
随着温度的下降,不同的分馏物冷凝并被分离出来。

层面上的分馏物依次冷凝。分子中碳原子的数量决定了分馏物的冷凝过程。柏油、沥青和石蜡的分子有许多碳原子。柴油是碳氢的混合体，有13—25个碳原子。柴油在425℉—630℉（220℃—350℃）时冷凝，被第一个分离出去。煤油分子有11或12个碳原子，煤油继柴油之后，在320℉—480℉（160℃—250℃）时冷凝。煤油可以用作喷气式飞机的燃料，也可用于家庭中央热水器的加热。煤油也能进一步分离，生成构成汽油的轻质碳氢化合物。汽油继煤油之后，在74℉—355℉（40℃—180℃）时冷凝。它的分子有5到8个碳原子，是戊烷、己烷、庚烷和辛烷的混合物。戊烷（C_5H_{12}）在97℉（36℃）时冷凝；己烷（C_6H_{14}，分子有五种结构，叫做同分异构体）在140℉—176℉（60℃—80℃）时冷凝；庚烷（C_7H_{16}，有9种同分异构体）在208℉（90℃）时冷凝；辛烷（C_8H_{18}，有18种同分异构体）在210℉—257℉（99℃—125℃）时冷凝。但当汽油转到汽车加油站时，汽油中已经加入了其他化合物，所以加油站的汽油是更加复杂的化合物。

在这层之上，分馏物的温度达到室温状态，依然以气体形式存在，有甲烷[CH_4，在-258℉（-161℃）时冷凝]、乙烷[C_2H_6，在-128℉（-89℃）时冷凝]、丙烷[C_3H_8，在-44℉（-42℃）时冷凝]和丁烷[C_4H_{10}，在32℉（0℃）时冷凝]。这些就是提炼出的石油气，可用于罐装燃料或者化学工业的原材料（参见补充信息栏：甲烷水合物）。

在分馏塔的每一层，分馏物都是混合体，在使用前都需要进一步提纯。每一组分馏物都是分别分馏出来的，分馏的产物又进一步净化，这样才可以出厂。

20世纪30年代, 由于汽车工业和航空业的发展以及燃煤汽船向燃油汽船的转变, 石油工业得到了迅速的发展。工程师们也开始遭遇输油管道阻塞的麻烦。他们发现阻塞输油管道的是笼形水合物, 它是一种稀有的物质形式, 是英国化学家亨弗利·戴维公爵(1778—1829)在19世纪早期发现的。

晶状固体形成晶格, 在这个结构里单个原子有规律地排列在一起。笼形物的结构是一种物质的微小分子夹在另一种物质的晶格里。就笼形水合物而言, 这里的另一种物质就是冰。管道阻塞是因为管道上的冰中含有由石油转变的几种物质, 所以在管道壁上很快就形成厚厚的一层水合物。工程师们刚清理完管道壁上水合物, 它就又重新在管道壁上形成。

在高压下水结冰时, 水合物就形成了。在地面以下的海底沉积物和永久冻土中(土壤中的水永远都保持结冻状态)能够找到水合物。在这些情况下, 冰能够结成三维12面形状, 叫做12面体。每一面都是五边形, 气体装在空"球"里。图11展示了已经扩大了的水合物的结构。

笼形水合物是有害的, 并增加了抽吸石油的成本。最近笼形水合物引起了人们的另一个兴趣。起初人们假定只有北极和北极边缘附近才会发现笼形水合物, 但随着石油业的不断扩展，全世界开发了许多近海石油基地，并推翻了最初的假设。石油工业科学家发现在海底几乎到处都有笼形水合物，而陆地的永久冻土里只含有相当少的笼形水合物。图12显示了已知的和可能存在的甲烷水合物的大致存储地理方位图。

图11 甲烷水合物
这展示了水合物的分子状态。

与笼形水合物相关的大量气体是甲烷，所以笼形水合物现在也被称为甲烷水合物。天然气是最重要的燃料之一，甲烷是天然气的主要组成部分，所以也称甲烷水合物为天然气水合物。暂且不谈甲烷水合物给输油管道带来的麻烦，发现大量的甲烷水合物有两个意义。

第一，如果甲烷意外泄漏，会发生什么？科学家认为甲烷突然大量泄漏可以迅速导致沉船而且没有任何预报。船浮在海面上是因为船上的空气比海水密度小。然而当大量的气体从海底向上冒时，水在瞬间就变成水、气混合物，且密度骤减。这只在瞬间发生并且只持续片刻，但这足以使船失去支撑而沉入海底。这时，船比水的密度大得多，所以船就如同石头一样垂直沉入海底。

第二，甲烷大量泄漏可能会改变气候。甲烷是温室气体，吸收热量的能力是二氧化碳的21倍以上。

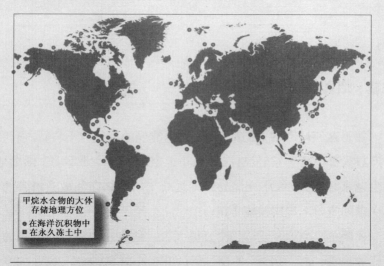

图12　甲烷水合物存储地理方位图

然而，除了担忧之外，还有令人兴奋的可能性。据科学家们估计，就整个世界而言，在地面以下6 500英尺（2 000米）的沉积物里含有（35—1 766）×10^{15}立方英尺［（1—50）×10^{15}立方米］的甲烷水合物。这比地球上存有的所有其他矿物燃料的总和的2倍还多。而且存在于相对较浅的沿海水下，近海石油工业可能探测到这些地方。

现在，对于是否能够开采甲烷资源还不确定，但是如果找到可行办法，甲烷将是迄今为止世界最重要的燃料资源。甲烷也是所有矿物燃料中害处最小的，因为它燃烧干净。按单位能量计算，甲烷释放的二氧化碳量比石油和煤都少。

浓雾：烟雾的雏形

熟悉这座城市的人们都知道，这里清晨的空气并不清新。有时，一连数天都没有一丝轻风掠过，城市上空的空气停滞不动。渐渐地，灰尘越来越多，空气中充满异味。远处工厂的烟囱和教堂塔尖的轮廓在霾的笼罩下显得模糊不清。

夜晚的空气却十分清新，万里无云。地表很快将日间吸收的热量释放出去，空气变冷。午夜过后的几个小时里，寒冷、稠密的空气沿山腰向山谷下沉。到达山谷底部时，下沉的空气移到冷空气下面，使得冷空气略微抬升，与之混合。这时，谷底附近的空气比上面的空气冷，形成逆温。由于与下沉空气混合，使温度降至露点以下，黎明时逆温下面形成一层薄薄的辐射雾。

在许多地方，升起的太阳使地面温度迅速升高，雾也会随之向上蒸发。然而，这里的情况却有所不同。这里是城市，而且是在冬季。

黎明时分，人们开始生火或者给昨晚睡前封上的火加些煤。上白班的烧炉工人到了工厂不久，锅炉就开始燃烧起来，烟囱里很快就冒出了烟。这些烟也聚集在逆温层下面，图13显示了这一现象。

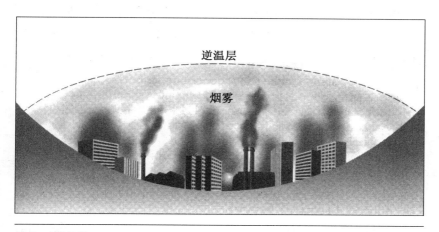

图13　山谷烟雾
形成于山谷的雾与聚集在逆温层下的烟混合后形成的烟雾。

　　烟颗粒吸附在雾滴上，形成混合物。这些混合物之上通常呈现黄绿色。19世纪末，有人说这是豆汤的颜色，烟雾因此而得名（在英国，这样的雾叫做"浓雾"）。1909年在苏格兰的格拉斯哥，这种浓雾造成1 000多人死亡。哈罗德·安东尼·德沃博士是成立于1899年的降低煤烟协会的成员，他在1911曼彻斯特召开的该协会的一次会议上陈述对事件的报告。在报告中，他建议用"烟雾"作为烟与雾混合物的名称。

　　烟雾的特点取决于雾的浓度。浓雾时的能见度比薄雾时低得多，而且烟雾潮湿。和普通雾一样，潮湿的烟雾也吸附于物体表面，给它们披上一层烟粒的外衣。干燥的烟雾就没有这么令人讨厌了。

除了烟以外，火也释放出热的空气。热空气穿过冷空气上升，与空气混合形成湍流，这一混合使浓雾达到地平面。人们都清楚，烟雾在晴朗无风的天气时形成于逆温层之上，而且会持续数天。

　　正午时，烟雾遮挡了阳光。在未采取任何措施降低这种污染以前，许多英国工业城市在11月到来年3月之间会损失25%—55%的太阳光——光是从烟雾层顶反射回去了。在太阳很低的时候，这种状况尤为严重。

　　当光的强度降到一定程度时，街灯会自动开启。公交车和汽车也纷纷打开车灯。因为挡风玻璃上覆盖了一层油腻的煤烟，司机们不得不设法探身窗外，才能看清路面。中午时分如同夜晚一样黑暗。因为必须得在情况变得更糟之前赶到家，所以人们都提早下班，学校也停止上课，学生们被提前送回家。

　　空气是污浊的。即使没有雾，烟也会吸附在窗户上并把晾在户外的衣服弄脏。要是有烟雾，情况会更糟。有时，行人们为了避免迷路而摸索着回家，不得不手扶着墙和商店门脸前行。他们的身上变得越来越脏。骑车的人就更惨了，他们会晚几个小时才到家，而且到家时往往浑身漆黑。

　　某个业余剧组准备演出中世纪伦理剧《所有人》，地点在10英里（16公里）外的一个教堂，所以他们雇了车，安全到达。演出结束后，他们回到汽车上。这时大约是晚上8点钟，可烟雾已经很浓了，以至于必须得有人在车前沿着路边摸索向前。第一个人披着白布，第二个人跟在他后面，也拿着白布。第一个人引导第二个人，第二个人再引导司机。当他们安全回到出发地时，已经接近午夜。

　　每到冬季，像这样糟糕的烟雾在欧洲的大多数工业城市里至少要发生1次到2次。苏格兰的爱丁堡就因烟雾大而得名"老烟城"。据估计,英国中部的莱斯特城在1945年冬季间阳光减少了30%,而在夏季只减少了6%。

煤燃烧散发的烟里含二氧化硫,所以烟雾是酸性的。1964年11月,英国约克郡的谢菲尔德曾出现烟雾,二氧化硫的浓度升到11月平均值的3倍。

1860年到1880年间,捷克共和国首都布拉格平均每年都有79天是雾天;而1900年到1920年间,平均每年有217个雾天。1813年12月17日,一次特别严重的烟雾在伦敦整整持续了一周,烟雾天气直到1814年1月2日才彻底结束。1873、1882、1891和1892年发生的烟雾更加严重。在1873年的烟雾中有1 150人丧生,一些家畜也生了重病,不得不被处死。

1904年,降低煤烟协会的主席向研究烟雾的皇家委员会申诉惠灵顿公爵(曾打败过拿破仑的第一公爵的孙子)宅院的污染状况。他写道"我敢保证,惠灵顿公爵的宅院在清晨就像一个工厂烟囱,事实上,一些工厂排放的烟都没有它排放的多。"

北美也不例外。对于居住在东北部工业城市的人们来说,冬季烟雾也不陌生。美国第一个致力于降低黑烟污染的国内法在19世纪80年代通过。1912年,矿务局首次开始研究控制烟的途径。

伦敦烟雾事件

人们已经习惯了有烟雾的生活,因为他们认为冬季出现烟雾是不可避免的事。这也成为城市居民需要学会忍受的困苦之一。有些人会对此抱怨,但多数的工人却对此非常高兴,而且从未认真想到过他们为了取暖和做饭而生的火是烟雾的诱因。孩子们也很兴奋，因为可以提前放学回家，而且回家路上的经历也令他们十分兴奋。

人们的这种习以为常的态度在1952年发生了转变，随后在1962年发生的两场相当严重的烟雾事件再一次加快了人们态度的转变。这两次事件过程中的烟雾都是在逆温层下聚集的潮湿烟雾。第一次事件中，烟雾从1952年12月5日持续到12月9日，到10日雾才渐渐散去。在连续的48小时内，能见度下降到不足33英尺（10米）。情况十分恶劣，某剧院即将上演的歌剧不得不延期，因为观众根本看不见舞台。电影院也只能关闭。煤燃烧后释放二氧化硫，这意味着烟雾也一定是酸性的，pH值大约在1.6——比纯柠檬汁还要酸。

第二年春天，政府发布的临时报告中披露，12月到来年2月份间伦敦地区有1.2万人因天气原因丧生。1953年底发布的年终报告把截止日期定为12月20日，这样，死亡人数降至大约4000人。这两个数字的计算方法明显不同，一个是当年冬季的死亡人数，后来又降至烟雾期间及接下来10天内的死亡人数；另一个数字是往年同期的平均死亡人数。大多数遇难者死于胸痛，死于支气管炎和肺炎的人数是早些年的7倍。

这些遇难者中确实有好多人本身就是重病患者，他们无论如何都可能活不过那个冬季，但4000这个数字也还是令人震惊。而且，此事发生在伦敦，那里的立法者与上流社会成员也不得不呼吸这些致命的物质。这进一步促成了立法者做出决定，在立法序言中提出禁止伦敦地区燃烧煤和木头。

每年的12月，英国的畜牧业会会在伦敦的史密斯菲尔德举办牛群比赛表演。那年，烟雾侵袭了获奖牛群活动的场所，导致很多牛染病，其中13头被迫射杀。随后的尸体解剖表明，病牛的呼吸道严重发炎且红肿。

第二次烟雾事件发生在1962年12月，大约有700人死亡。与1952年相比，这次的死亡人数大大降低，这多亏了新的法律。自此之后，该法律一直生效。

马斯河谷

政客们曾经得到过多次有关烟雾污染的警告，因为此前已经发生过很多此类事件，其中最著名的一次是1930年12月发生在比利时的烟雾事件。这是第一次有记载的现代空气污染的灾难。

在列日城的西南部、那慕尔的东北部就是著名的马斯河，塞兰城和休伊就坐落在马斯河谷里。在两城中间有一长约15英里（24公里）的延亘，在这儿，河谷两边的山都有330英尺（100米）高，烟雾事件就发生在这里。图14显示了马斯河谷的地理位置。

这是个工业区，1930年间这里有钢铁厂、发电厂、石灰窑、玻璃厂、锌厂、化肥厂和硫酸厂。所有工厂都用煤作燃料，大多数的当地市民也把煤当做家用燃料。这年的12月1日至5日，冷空气混合着冰冷的风沿山坡而下，在逆温层下形成典型的山谷雾。雾和烟囱冒出的烟混合在一起，很快形成了烟雾。烟雾中含有30多种有毒物质，其中毒性最严重的就是硫。

人们开始抱怨，出现了胸痛、气短和咳嗽的症状。老人和患有呼吸疾病的人受到的影响最严重。到烟雾完全散去时，有几百人致病，60多人死亡。受害的不仅是人类，动物们也难逃此劫，许多牲畜

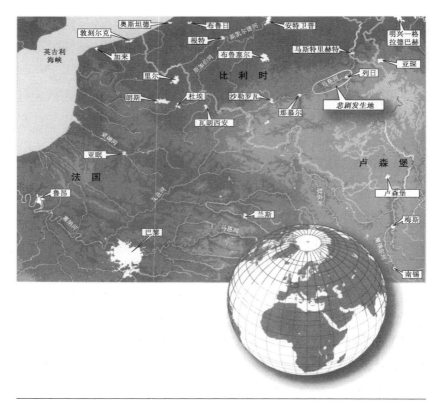

图14 马斯河谷

1930年世界上第一次有记载的现代空气污染灾难的发生地。

都被迫进行人为射杀。

多诺拉

美国历史上的第一次烟雾侵袭事件发生在1948年10月的宾夕法尼亚州,具体位置是匹兹堡南28英里(45公里)处的孟农加希拉河,多诺拉城就位于孟农加希拉河旁边。还是相同的起因:雾聚集

64

在逆温层下面，煤燃烧产生的烟与雾结合生成烟雾。

烟来自于多诺拉的锌厂和铁厂，它们都属于美国钢铁金属公司所有。整个匹兹堡上空的雾滞留在逆温层下达一周之久。直到10月28日星期五时，人们才开始意识到情况不妙。工厂散发的二氧化硫溶解于雾滴里，形成硫酸薄雾。星期六人们出现症状而陆续进了医院，他们呼吸困难、头疼、恶心并伴有腹痛。更糟糕的是，这里还出现了人员死亡，社区中心的地下室就成了临时停尸房。

星期日，由于能见度太低，官方关闭了市内交通路线，救护车也无法通过。救护人员只能背着氧气瓶到居民家中帮助救治呼吸系统疾病患者。锌厂在星期日晚6点钟关闭，然而当天的雨水冲洗了空气中的酸性物质，锌厂在星期一早晨又重新开工。这次大约有6 000人——占当时总人口的一半——感染了疾病，17人死亡，后来又有2人相继丧生。美国钢铁集团总公司承担了责任并给予赔款补偿，锌厂和铁厂于1970年被关闭。

补充信息栏：文学作品中的雾

雾能够掩盖一些我们不想看见的东西。关于维多利亚时代伦敦的黑暗行为的小说和电影都把背景安排在大雾笼罩的街上。伦敦并不是唯一遭受冬季浓雾侵袭的工业城市，但伦敦的雾远远超过了它的承受力。伦敦多雾这一特点在很多的小说中有所提及。查尔斯·狄更斯在他的小说《凄凉的房子》中把雾称作"伦敦特色"。

1892年11月的一本英语杂志刊登了一则短篇小说《伦敦宿命》。作者罗伯特·巴尔（1850—1912）把雾形容为灾难的信号。巴尔专门写惊险小说和侦探小说，作品以风趣著称。故事里描述的雾几乎使整个伦敦的人都窒息而死。

　　伦敦的雾在维多利亚时代后持续很久。英国游记作家E·V·摩顿（1892—1979）也曾经在他的传记《伦敦之心》（1925年）中提到过伦敦的雾。

　　"到处都是雾，雾直逼到嗓子使人流泪"。他写道，"它伸出冷湿的手指触摸耳朵，并紧紧地抓住手……我走进雾里就如同进入难以置信的地狱。雾使伦敦成了魔鬼的世界。"

　　罗伯特·布朗宁（1812—1889）也体会过雾逼近喉咙的感受。他的诗《前瞻》（1864）里这样写道：

　　"害怕死亡？——就像感觉逼近喉咙的雾。

　　脸上的薄雾，

　　下雪的时候，强劲的寒风意味着，

　　我离这越来越近，

　　夜晚的力量，暴风雪的紧迫，

　　这是敌人到来的信号。"

　　即使在室内，也难逃雾的侵袭。"黄色的雾在窗玻璃上蹭着它的背"，T·S·艾略特（1888—1965）在《阿尔弗雷德·普罗弗洛克的情歌》中这样描述到。

雾这个现象有时也应用在实际发生的灾难性事件中。1941年，希特勒颁布了《夜和雾》的命令，目的是要在午夜镇压嫌疑犯，把他们遣送到偏远的地方，永世不得回来，并将他们的遭遇和下落隐瞒起来。他们就这样突然消失了。1955年，导演亚伦·雷奈在纪录片《夜与雾》中描述了这一可怕的片段。

　　约翰·卡朋特的恐怖电影《雾》（1980）主要讲述了一群复仇的幽灵在被谋杀的一个世纪后又重返人间的故事。伍迪·艾伦把他1991年的电影《影与雾》的故事背景安排在20世纪20年代的一座欧洲城市里，影片中歇斯底里的人们追赶一个扼杀者。当然，这是个喜剧。

　　同时，这种不期而遇的神秘可能性也给了无数作曲家以灵感。雾，甚至是"伦敦的雾天"都可以作为浪漫的素材，也可作为恐怖的素材。

汽车废气

　　几乎所有的小汽车、卡车和公共汽车都是靠内燃机提供动力。之所以称之为内燃机，是因为它们在内部汽缸里燃烧燃料。燃料燃烧，温度升高，使汽缸里的气体膨胀，气体膨胀又推动连接车轮的活塞。蒸汽发动机是外燃机的一个典型，它恰好在发动机外燃烧燃料，燃烧的热量将水煮沸,结果水蒸气的膨胀推动汽缸里的活塞。

　　第一辆汽车——自行驱动车——是由蒸汽驱动的(参见补充信息栏:蒸汽机车)。19世纪早期,几个发明者开始尝试研发内燃机。第一个成功的内燃机是由出生在比利时的法国工程师兼发明家让·约瑟夫-艾蒂安·勒努瓦(1822—1900)于1859年发明的两冲程内燃机。他发明的内燃机燃烧煤气(当时是由煤制成的,主要成分是一氧化碳)。1860年他把它安装在一辆小型汽车上,时速几乎达到2英里(3公里)。他还造了一艘由这种发动机驱动的船。到19世纪60年代中期,大约有500个勒努瓦发明的发动机在巴黎被使用,但是它们不是用在船上或是走不了多远、耗费燃料又有噪音的老式汽车上,而是用在工厂的机器上,如印刷机。

补充信息栏:蒸汽机车

　　我们已经见惯了由内燃机或电力发动的汽车,有时甚至忘记了它的祖先。在很久以前,人们还没想到用汽油作燃料的时候,就已经有了汽车、卡车和公共汽车,它们都是通过煤燃烧获得的蒸汽驱动的。

　　第一辆蒸汽发动的汽车是1769年由法国军事工程师尼古拉斯-约瑟夫·居诺(1725—1804)设计的。那是辆三轮车,他想用它来运送大炮。1770年他制造的第二辆三轮车仍然保存至今,我们可以在巴黎的法国国立理工学院博物馆里一睹它的风采。它很大而且相当沉重,尽管不是伟大的成功,但却证明了这个想法的确可行。第一辆三轮车转弯时最高时速可达3英里(5公里),但用马运送大炮会更容易些。居诺的第二辆三轮车于1771年撞到了墙上,这也是历史上第一次机车事故。1790年法国制造了一辆民用蒸汽四轮车,大约到1800年时,巴黎的街道上已经有蒸汽公共汽车穿行了。

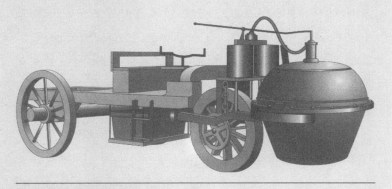

图15 居诺的蒸汽三轮车
它是第一辆自行驱动的交通工具,建造于1769年。

与此同时,在马萨诸塞州的塞勒姆和康涅狄格州的哈特福德也出现了蒸汽机车。1805年,费城的街头也出现了一辆。

1829年,高德斯沃塞·加尼尔公爵(1793—1875)发明的蒸汽机车第一次获得了商业上的成功。加尼尔是医生出身,曾在英国西南部康沃郡的韦德布里奇和伦敦行医,但他是作为发明家而出名的。由于他为下议院设计了改进型照明设备，在1863年被授以爵位。他曾驾驶他的蒸汽四轮车从伦敦到巴斯行驶了大约100英里（160公里）的距离，返回的时候平均时速为15英里（24公里）。整个行驶过程中，尽管平均时速只有9英里（14.5公里），但最高时速达到了17英里（27公里）。加尼尔制造了很多四轮车，并在1831年创办了格洛斯特和切尔腾纳姆之间的客车服务，一天往返四次，9英里（14.5公里）的行程只需45分钟——平均每小时12英里（19公里）。这一举动给其他人开辟新的线路提供了启示。于是，更多的蒸汽机车投入生产，但反对意见也很强烈。在高额税收的压力下，加尼尔的汽车服务只经营4个月就关闭了。

到19世纪60年代，私人蒸汽机车越来越盛行。有的可以乘载两人，速度为每小时20英里（32公里）。还有的可以容纳更多的人，但速度相对会慢一些。由于反对呼声高涨，1865年通过了《红旗法》，要求在蒸汽机车行驶时，前面需要一个人手拿红旗来限制行驶速度，最高不能超过每小时4英里（6.4公里）。在英国，《红旗法》迫使个人蒸汽机车停止使用，但却没有使运送货物的蒸汽卡车停止使用。20世纪20年代人们仍然在制造蒸汽卡车，直到20世纪40年代在英国的街道上还能见到一些这样的交通工具。在南非战争期间（1899—1901），英国军队就用火车——四个轮子都由蒸汽机驱动的工具——运送士兵。

蒸汽机车在美国更加流行。1906年制造的一辆汽车在28.2秒的时间内跑完了规定行程,速度高达每小时128英里(206公里),创造了世界纪录。这辆车是由史丹利兄弟——弗朗西斯·埃德加尔·史丹利(1849—1918)和弗里兰·欧·史丹利(1849—1940)——制造的。他们从1897年开始制造汽车。1902年到1909年间,他们参与了一系列的比赛,他们的蒸汽机车总是比汽油发动机车行驶得快。他们创办的史丹利汽车公司在20世纪20年代依然在生产史丹利蒸汽机车。

后来,在与汽油发动机车的较量中,蒸汽机车败下阵来。减小蒸汽机车的尺寸以达到标准尺寸是有可能的,但结果生产出来的汽车很复杂,而且非常笨重。加尼尔的汽车重1.5—2英吨(1.36—1.82吨),这样的重量容易损坏地面(加尼尔的第一辆四轮车的轮边缘处装有尖钉,因为他认为光滑的车轮咬不住地面),而且噪音大,冒烟多。个人蒸汽机车也十分危险,高压蒸汽通过管道,经过热器运送出来,然后在布满车身的冷凝管里冷却。所以人们认为蒸汽机车容易爆炸,这一点儿都不令人意外。

发动机的功效

1824年,法国物理学家尼古拉斯-莱昂纳多-萨蒂·卡诺(1796—1832)描述出这种类型发动机的运作原理。众所周知,那个时代的蒸汽机效率很低，燃料浪费率高达95%。卡诺想找出改进蒸汽机的方法，他发现靠热能运作的发动机的功率取决于温度的差异，即液体流入时的温度与它到达发动机内的温度之间的差异。不幸的是，卡诺英年早逝，36岁时死于一场突发的霍乱。如果他能活得更久些，他很可能有进一步的发现——他的发现为25年后提出的热力学第二守则奠定了坚实的基础。

提高发动机功率的一个方法就是更加直接地应用燃料的燃烧，也就是用火直接驱动活塞，而不是用火先引出蒸汽再去驱动活塞。这就意味着要在汽缸里燃烧燃料，也因此才让人们的头脑中形成了内燃机的概念。这样的方式得到的温度比在开放的炉子内燃烧燃料获得的温度更高。

四冲程循环

勒努瓦发动机的效率并不高，所以几年后就有科学家和工程师提出改进的方法——用四冲程循环代替勒努瓦的两冲程运转方式。第一个四冲程发动机是由德国发明家奥托（1832—1891）于1876年制成的。随后他开了家公司，制造并销售他的发动机，仅仅几年时间就售出3.5万台。到19世纪末，他的公司已经成为这一领域的佼佼者。这时，柴油机也已经问世，但是奥托的设计地位十分稳固，不容挑战。第一批内燃机汽车制造后不久，内燃飞机也制成了，它们都是用四冲程发动机发动的。第一辆取得商业成功的四冲程汽车于1885年问世，由德国工程师卡尔·奔驰（1844—1929）设计制造，它的发动机达1.5马力，时速为10英里（16公里）。

四冲程发动机的原理很简单，它的循环过程从燃料的吸入开始。

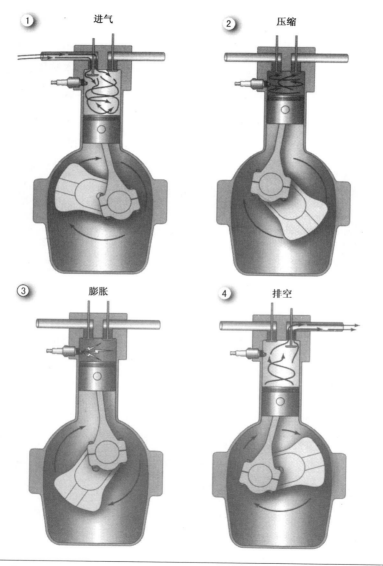

① 进气　　② 压缩　　③ 膨胀　　④ 排空

图16　内燃机

图中显示了四冲程发动机的工作程序。

当活塞在第一个冲程沿汽缸向下移动时，汽油和空气的混合体从进气门进入汽缸，活塞移动到底部时，进气门关闭。在第二个冲程中，活塞沿汽缸向上移动，汽缸内的汽油和空气的混合体被压缩，到达第二个冲程的最顶端时，火花点燃燃料，燃料燃烧引起气体膨胀，推动活塞沿汽缸向下运动，开始第三个冲程。第四个冲程中，活塞随汽缸再次向上运动，汽缸顶部的排气门打开，废气被排出汽缸。

活塞通过一个杆连接在曲轴上，所以活塞的往复运动就转化成旋转运动。现在汽车有4个汽缸，也有6个或8个汽缸。

柴油机

多数卡车、公交车、轮船、一些机车和小汽车都是用柴油发动的。因为柴油不用像汽油那样高度提纯（参见"什么是化石燃料？"），所以成本相对较低。

柴油发动机是由德国工程师鲁道夫·笛索尔（1858—1913）发明的，他在1892年至1893年间获得了专利权，并在1897年成功制造了第一台商用发动机。

笛索尔认为他能够提高内燃机的效率，并能达到与卡诺描述的理想发动机十分接近的程度。他认为提高效率的途径是大大地增加汽缸的压缩量。气体被压缩，温度升高（参见补充信息栏：绝热冷却与绝热升温），柴油机内的空气被压缩至每平方英寸500磅（3 447千帕）时，温度升至大约1 000℉（538℃），比燃料燃点还高。所以，柴油机不需要点火系统。

柴油机也有二冲程发动机，但街上常见的汽车一般都是用四冲程发动机。第一冲程里，打开进口，活塞下移，气体被吸入汽缸。在压缩冲程里,气体被压缩,温度升高。在压缩冲程结束时,燃料喷入汽缸。它会自动点燃,气体膨胀推动活塞下移。第四个冲程中,废气被排出汽缸。图17显示了这个过程。

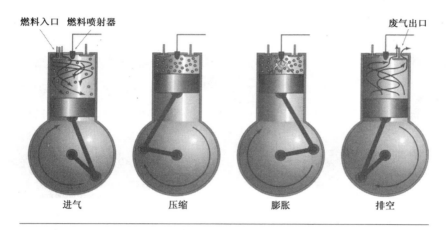

燃料入口 燃料喷射器 废气出口

进气　　　　　　压缩　　　　　　膨胀　　　　　　排空

图17 柴油机
里面没有火花塞,燃料通过压缩被点燃。

柴油机最大的优点是节省燃料,但很长一段时间内它都存在着严重的缺陷。早期的发动机大而笨重,行速度慢,所以只能用在固定的设备上。柴油机比汽油机贵,并且运行不顺畅。改进以后,柴油机于1910年首次被安装在轮船上,随后又应用在重型卡车和农用拖拉机上。1934年,美国出现了第一辆柴油火车。

温克尔发动机

1929年,德国工程师兼发明家菲利斯·温克尔(1902—1988)获得了转子内燃机的专利权。20世纪30年代和40年代期间他继续研发设计,最终在1954年完成。第一台温克尔发动机在1957年通

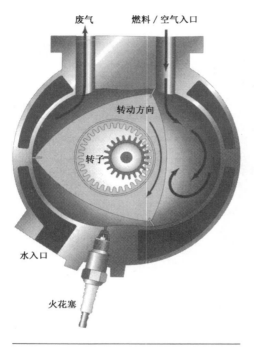

废气　　燃料 / 空气入口

转动方向

转子

水入口

火花塞

图18　温克尔发动机
转子的往复运动吸入并压缩燃料，然后排出废气。

过了检验。第一辆装有温克尔发动机的汽车是由德国NSU公司制造的普林兹，它于1960年上市。1967年日本制造商马自达开始生产搭载转子发动机的轿车Cosmo Sport 110S。到20世纪70年代，在美国出售的马自达轿车几乎所有都装有温克尔发动机，雪铁龙也在销售两种型号的发动机，而梅塞德斯和通用汽车也都在计划投入生产。

温克尔发动机非常先进。与奥托循环发动机相比，它的部件少、重量轻、体积小，所以输出的能量更多。它成本低，运行顺畅且无噪音，这主要是由于旋转运动直接传导驱动轴，无需曲轴往复运动转化为旋转运动。

发动机的中心是个三角形的转子，它在椭圆形的腔内旋转。旋转轴偏离转子的中心，所以旋转是偏心运动。三角形的三个角始终保持与腔壁接触。由于是偏心旋转，所以转子每边与腔体之间的空间随循环的进行而改变。图18显示了这一格局。发动机是由流经箱里的水来冷却的，由转子内部循环的油来润滑，将少量（大约

0.5%）的油加入燃料可作为润滑油。

转子循环包括四个阶段，当三角形的一角经过入气口通道时，燃料和空气的混合体被吸入腔内。当三角形的下一角经过时，入口关闭，此时腔内的气体达到最大值。随着转子继续运动，腔体积减小，混合体受到压缩。当压缩达到最大值时，燃料被一两个火花塞点燃，膨胀的气体带动旋转。在下一个阶段，腔体体积膨胀，废气排出。

喷气式发动机

在20世纪40年代以前，飞机都用高辛烷汽油的内燃机提供动力。这一事实随着涡轮喷气式发动机的问世而发生了改变。弗兰克·惠特尔（1907—1987），即后来的空军准将弗兰克·怀特爵士，于1937年发明了喷气式发动机。1939年8月27日，装有由冯·奥海因设计的发动机的德国亨克尔公司生产的 He 178 型号飞机成了历史上第一架喷气式飞机。冯·奥海因对惠特尔的发动机一无所知。装有惠特尔发动机的飞机于1941年5月试飞成功。英国第一架喷气战斗机于1943年3月5日首次飞行，它由两个劳斯莱斯德温特发动机驱动，每个都有3 500英镑（15.57千牛顿）的推力。

涡轮喷气机的运作原理很简单。发动机的最前端有个巨大的扇子，叫做压缩机或涡轮。当它以每分钟几千转的速度旋转时，压缩器把空气吸入发动机并进行压缩。压缩气体向尾部推进的过程中，经过一系列中心轴周围的燃烧室。燃烧室中不断注入燃料，当发动机开始工作，燃料就被点燃，此后会一直燃烧。气体向发动机的尾部膨胀，给整个发动机施加了一个向前的推力（根据牛顿运动定律的第三条:力的作用是相互的,施加了一个力,就会在相反方向上有一个与之相等的力存在)。废气排出时,它带动尾部涡轮的转动。尾部涡轮刚好是通过中心轴与压缩器连接在一起的,所以涡轮的旋转可以带动压缩器运转。图19就是涡轮喷气发动机的工作原理。

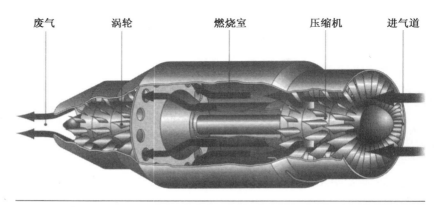

废气　　　　涡轮　　　　　　燃烧室　　　　　　压缩机　　　　进气道

图19　涡轮喷气发动机
由中心轴连在一起的压缩器和涡轮是发动机内唯一可以移动的零件。

　　喷气发动机靠柴油运转,柴油不像汽油那样经高质提纯,但却可释放大量的能量,所以用柴油作燃料是飞机的最佳选择。然而,柴油也有不利因素。油门向燃烧室内添加燃料,但压缩器与涡轮组件因惯性的关系只能慢慢加速。这个问题在飞机上并不十分严重,因为飞机上的发动机大多数时候是在不断调整,但如果在汽车上应用柴油就会使发动机效率减退(在伦敦科学博物馆内还可见到喷气发动机的罗孚车)。更糟糕的是,喷气发动机耗费大量的燃料。流星号战斗机在两个机翼油箱里可携带大约430加仑(1 628升)燃料,这些燃料只够它飞行45分钟左右。

排放物

尽管温克尔发动机设计先进，但它还是存在一些问题，其中最严重的就是它很难在转子和腔壁间达到紧密的吻合。吻合处有泄漏降低了发动机的效率，所以温克尔发动机比相同功率的奥托循环发动机费油，而且释放的污染物质更多。20世纪70年代油价上涨，温克尔发动机就不大受欢迎了。当控制泄漏的方法问世之后，温克尔也很难达到标准。现在，这些问题都已解决，在不久的将来，温克尔发动机会再度出现。不过，它们已经失去了很大的市场，而且在即将卷土重来时，又遇到内燃机受到环境领域质疑的尴尬处境。

全效内燃机可能会燃烧全部的燃料，释放碳氢化合物燃烧的副产品——二氧化碳和水。然而没有一种内燃机能够达到全效，而且也不是所有的碳都能被完全氧化。所以，二氧化碳与一氧化碳混合，就形成了污染物质。

部分燃料，如苯（C_6H_6）、甲醛（HCHO）和乙醛（—RCHO—），还未来得及氧化成一氧化碳，所以释放的是未燃烧的碳氢化合物。大多数的现代汽车中，燃料被注入汽缸中，控制燃料和空气的混合物，这比老式的内燃机效率更高，因为老式汽车会从尾气管往下滴汽油。

发动机也释放黑烟。如果奥托循环发动机或温克尔发动机的尾气管冒烟了，就必须进行彻底检查。可能是润滑油漏入汽缸，空气过滤器被阻塞，或是汽化器或阻塞气门出了问题，导致燃料与空气的混合物出现问题。还有，点火系统有可能出问题，导致燃料点燃环节出错。烟是因为燃料未燃烧尽而产生的，这是种浪费。所以,如果解决了这些问题,发动机的性能会得以改进,燃料消耗也会减少。

柴油机比汽油发动机更容易释放烟。释放烟的原因有可能是燃料喷射器或抽运装置破旧或维修不当,也可能是空气过滤器有灰,或是燃料抽运装置调节不当。在这些情况下,燃料未经燃烧就形成了烟。

安装了往复式发动机(不是温克尔发动机)的老式汽车也从曲轴箱里释放碳氢化合物气体。曲轴箱是装曲轴的地方,里面装有润滑油。当油被加热时,部分油会蒸发,气体会稀释油,降低了油的效率,也损害了发动机。现代的发动机中,气体输入发动机的入口后,从入口进入汽缸的上部,和燃料一起燃烧。

内燃机内燃烧产生的高温和高压为氮的氧化提供了充足的能量。因此发动机也释放氮氧化物(NO_x)(参见"燃料燃烧时会发生什么现象?")。

点火会导致压缩的燃料与空气的混合体爆炸。爆炸其实是火迅速燃烧。如果发动机运作正常,点火开始燃起火,然后火平稳地延伸至整个燃烧室——汽缸里活塞以上的部分。生产商们通过增加燃料量,提高了发动机的效率。混合气体先被压缩再被点燃,在高强度压缩下,燃料有可能在火焰前被点燃。这样,燃烧无法控制,产生强烈的高频率的气压波,使得整个发动机振动,发出明显的敲击声。这叫做爆震音,可以用高提纯的高辛烷值燃料预防爆震音。辛烷值是燃料中含有的异辛烷体积的百分比。加入四乙基铅也能够达到相同的效果,且比深度提炼石油成本要低。含有四乙基铅的加铅汽油性能更好,但铅会随废气排出。空气中的铅是污染物质,大多数国家或者禁止使用加铅汽油或者正在逐步淘汰加铅汽油。喷气发动机释放氮氧化物,在起飞和攀升时一些发动机会释放未燃烧的燃料。

光化学烟雾

1542年,有三艘船载着一队探险家从墨西哥港口纳维达(现在的阿卡普尔科)出航。探险队由卡布里洛(他的葡萄牙语名字是若昂·罗德里格斯·卡布里霍)带领,搭乘圣萨尔瓦多号船,先向北航行至美国加利福尼亚的巴加,然后继续航行到圣米盖尔,卡布里洛称这里为"封闭的良港",60年后改名为圣地亚哥。在继续北行的过程中,还没到达圣弗朗西斯科以北、位于北纬38°的雷耶斯之前,就遇到恶劣天气,只能调转方向,向南航行。他们在圣巴巴拉海峡的圣米盖尔过冬,因为和当地人发生了小冲突,卡布里洛断了腿,于1543年1月3日死于骨折的并发症。有关他的出生日期,至今还鲜为人知。

很显然,卡布里洛没有发现蒙特利湾或是圣弗朗西斯科湾,但他确实记载下一个"巨大的海湾",这很可能就是现在的洛杉矶。他记录说海湾上空烟雾缥缈。发现加利福尼亚烟雾和洛杉矶烟雾是他一生中的两大重要发现。洛杉矶烟雾直到1943年9月才受到人们的广泛关注,因为当时它带来了严重的空气污染,洛杉矶人这才意识到他们自夸的明媚的阳光和对大汽车的热爱会带来不利的一面。

卡布里洛观察到的烟雾同北部工业地区的浓重烟雾有所不同。它是呈褐色的霾,会降低能见度,但远没有雾那么浓,只是从远处看很像烟。卡布里洛并没有十分近距离地直接观察到烟雾，他在16世纪观察和描述的烟雾完全是自然现象。人类活动加剧了污染程度，但从某种程度上说，烟雾的形成是不可避免的。

烟雾无处不在

光化学烟雾首先在洛杉矶发现，但它并不是洛杉矶独有的。墨西哥城也受到光化学烟雾的严重影响，政府一直在努力消除它。在1999年11月，他们建议建造屋顶花园来减少由烟雾颗粒导致的光化学烟雾问题。在之前的10月15日，污染程度已达到可接受度的3倍。政府颁布了一些规章制度，要求汽阀必须同抽运汽油的装置相匹配，这样才能防止汽油蒸汽的污染，同时加强了汽车和工业检查，改进了消防设备，并推动了再造林计划。他们的努力得到了回报，空气质量有了好转。1999年这里只发生了3次烟雾事件，共持续5天，与之前情况最好的1996年相比有了很大的改善，1996年发生过10次烟雾事件，持续了34天。与1990年的37天相比，1999年有65天臭氧也是完全可以接受的。

伊朗的德黑兰是另一个存在烟雾问题的城市。1998年12月，这里的污染等级达到了联合国世界卫生组织规定等级的6倍。老人和有呼吸疾病的人都待在室内，学校关闭，汽车只能根据驾驶执照尾号的奇偶数隔天出行。1年后，1999年12月的空气也一样差。

雅典也存在烟雾问题。还有许多城市依然也受到烟雾的影响，如澳大利亚的大部分城市、中国北京和广州。尽管不像附近的弗雷泽低洼的山谷程度那样严重，但是温哥华也遭受了烟雾摧残，多伦多也难逃此劫。在加拿大，受影响最严重的地区是从安大略省的温莎到魁北克城之间的城市地带。

2000年7月30日,在法国巴黎和巴黎大区周围,86°F(30℃)以上的高温混合着工业烟气和汽车废气导致污染等级超过了安全限度。当天及31日全天车速每小时降低了12英里(20公里),司机只能把车停在家里去坐公交车。在鲁昂和勒阿弗尔,污染等级也很高。

烟雾从洛杉矶升起,现在已经遍布世界各地。那么烟雾是什么?又是什么导致了烟雾产生?烟雾又为什么会传播呢?

必要的地理条件

以上所提的城市都有某些共同点:它们都是较大的工业城市,而且这些城市海拔都很低,周围至少有一面是高地,都分布在低于南北纬50°的地方。这些地区夏季阳光明媚,天气温暖干燥。在北方城市烟雾比较罕见,但由于独特的温暖天气,鲁昂和勒阿弗尔也遭受了烟雾侵袭。

在城市的盆地地区,逆温现象十分普遍(参见补充信息栏:逆温)。夏季的阳光使地面温度升高,城市街道和建筑物迅速升温,与炎热的物体表面接触的空气温度升高。通过对流空气向上运动,但它却不能穿透逆温层,因为上面的空气温度更暖且密度更小。空气聚集在这里,但连续的对流形成了垂直的循环,使空气完全混合在一起。

从建筑物和汽车废气释放出的气体和颗粒也都聚集在逆温层下,通过对流把聚集的空气彻底混合。

一旦污染物质达到一定浓度,单个分子就有机会与其他分子碰撞,相遇的分子就会发生化学反应。反应需要能量,太阳光就可以提供能量。这些化学物质的混合体聚集在逆温层下面被阳光加热，就像做汤用的各种配料混合在锅里在炉子上加热一样。

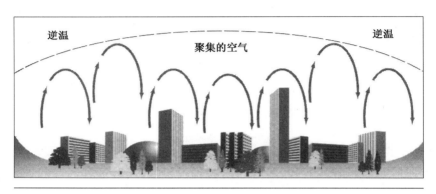

图20 逆温层下的对流
聚集在逆温层下的空气完全混合在一起。

化学成分

烟雾的成分有二氧化氮（NO_2）和反应性碳氢化合物（HC），两种物质都是通过汽车尾气释放到空气中的。

加热过程从光解循环开始（参见补充信息栏：光解循环），这包括三个反应阶段。第一个反应生成氧原子。当二氧化氮暴露于紫外线辐射下时，该反应就会发生。

$$NO_2+紫外辐射\rightarrow NO+O$$

一般来讲，随着臭氧（O_3）的形成，光解循环会继续。臭氧将氧化亚氮（NO）氧化成二氧化氮，同时臭氧变成氧气，然后二氧化氮再次分解，这样循环一直重复下去。然而在有碳氢化合物中，一些反应性很强的氧原子会将碳氢化合物氧化成碳氢氧化物（HCO）。这是个自由基（因为有不配对的外部电子，所以反应性极强），能够被进一步氧化,与氧化亚氮反应生成二氧化氮以及烟雾的某些成分。二氧化氮与碳氢基进一步反应生成硝酸过氧化乙酰。

反应的顺序如下所示:

$$HC+O \rightarrow HCO_3^*$$

$$HCO_3^*+NO \rightarrow HCO_2^*+NO_2$$

$$HCO_3^*+HC \rightarrow 乙醛,酮,等$$

$$HCO_3^*+O_2 \rightarrow O_3+H_3O_2^*$$

$$HCO_x^*+NO_2 \rightarrow 硝酸过氧化乙酰$$

星号表示的是自由基。乙醛是含有醛基的化合物,其中也包括甲醛($HCHO$)。烟雾的气味之所以与众不同,某种程度上是因为它包含甲醛和其他醛物质。醛对咽喉有刺激作用。酮是化合物,如丙酮(CH_3COCH_3)也含有碳基。这个反应过程也会生成乙烯(C_2H_4)。

硝酸过氧化乙酰(PAN)会对咽喉有刺激作用。化学家最初研究这种烟雾时,认为它包含一种神秘的成分,后来证明这就是硝酸过氧化乙酰。

硝酸过氧化乙酰在对流层上部的冷空气中十分稳定,但在温暖的空气中就会分解释放出二氧化氮和反应性很强的过氧化乙酰基。在空气温度的作用下,硝酸过氧化乙酰的分解和重组是可逆反应。

$$CH_3CO \cdot O_2NO_2 \longleftrightarrow CH_3CO \cdot O_2+NO_2$$

硝酸过氧化乙酰不断地形成、分解、再形成,但在暖和的空气中,这一反应释放出二氧化氮和过氧化乙酰基。然而一些硝酸过氧化乙酰被对流气流带向高处,在冷空气中这一反应释放出硝酸过氧化乙酰,所以硝酸过氧化乙酰可以分散到很大的一片地区。

二氧化氮和通过空气颗粒形成的光散射使烟雾呈现出褐色。臭氧导致人们咽喉和呼吸系统发炎。

烟雾也损伤植物,其中的罪魁祸首是氮氧化物、乙烯、臭氧和硝酸过氧化乙酰。

补充信息栏：光解循环

在高温高压作用下矿物燃料燃烧会生成氮氧化物（NO_x）。城市里氮氧化物的主要来源是汽车废气,乡村里这类物质来源于自然界的萜类（参见"杀人树"）。当阳光强烈时,紫外辐射为一连串的化学反应提供能量,从二氧化氮（NO_2）中分离出的氧原子（O）与氧气（O_2）结合生成臭氧（O_3）。臭氧与氧化亚氮（NO）生成二氧化氮和氧气。这就是光解循环（来源于希腊语 *photo*-"光"和-*lysis*"分解"）。反应是这样进行的：

$$NO_2 + 紫外辐射 \rightarrow NO + O \qquad\qquad （1）$$

$$O + O_2 \rightarrow O_3 \qquad\qquad （2）$$

$$O_3 + NO \rightarrow NO_2 + O_2 \qquad\qquad （3）$$

将二氧化氮分解为氧化亚氮和氧原子的紫外辐射光波,比平流层中生成及分解臭氧反应所吸收的紫外辐射光波更长。光解循环中臭氧的形成不受低层大气中裸露的紫外辐射影响。光解循环不断产生臭氧但很快又破坏臭氧,而且臭氧既不会增加也不会降低氮氧化物的浓度,所以臭氧自身几乎不会产生什么污染,只有在光解循环被碳氢化合物破坏时才会产生污染。

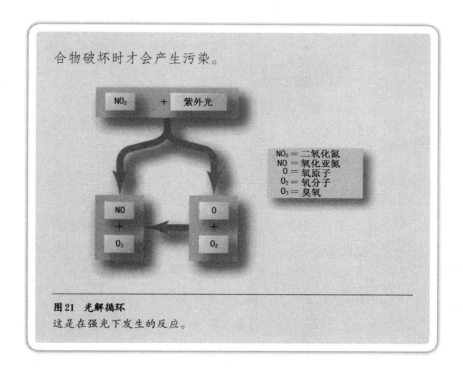

图21 光解循环
这是在强光下发生的反应。

强光的必要性

光化学烟雾需要强光提供的能量，如果没有适度的紫外波长的强烈太阳光的辐射，就不会发生这些反应。所以这种污染通常发生在夏季和早秋的白天时间。

光化学烟雾也能够扩散。20世纪60年代，科学家们开始对种植在伊利湖岸附近的烟叶损害产生了兴趣，他们确认损害是由臭氧所致，但起初他们并不知道臭氧从何而来。最后这个谜团解开了：臭氧是光化学烟雾的组成成分，日间在湖边的城市——克利夫兰、托莱多、底特律和布法罗——形成。反应在湖上进行，下午的湖风将反应物吹回岸边（参见补充信息栏：低层臭氧）。

补充信息栏：低层臭氧

有时，剧烈的暴雷过后，空气中会残留一种非常独特的刺激性气味，与电火花周围的气味大体相同。这似乎没什么稀奇，因为闪电只不过是巨大的火花而已。早在1785年，荷兰化学家马蒂纳斯·范马鲁姆（1750—1837）就注意到了这种气味。1840年德裔瑞士化学家克里斯蒂昂·弗里德里希·舍恩拜因（1799—1868）认识到这种气味一定是源于不为人知的气体。他把它叫做"Ozon"，来源于希腊语Ozein，意思是"闻"。后来爱尔兰物理化学家托马斯·安德鲁（1813—1885）指出，臭氧不是一种元素，而是氧气两种形态或同素异形体中的一种。

普通的双原子氧气是O_2，而臭氧是三原子氧气O_3，由双原子氧气形成：$3O_2 \rightarrow 2O_3$。这一反应需要能量来断开双原子之间的键。在低层大气中，剧烈的电火花能够提供这部分能量，工业臭氧是通过向纯氧和干燥空气中放电来获得。光解循环过程也形成臭氧（参见补充信息栏：光解循环）。臭氧是淡蓝色气体，密度是空气的1.658倍，冰点是$-420^\circ F$（$-251.4^\circ C$），沸点是$-170^\circ F$（$-112^\circ C$）。

臭氧有强烈的刺激性气味，所以即使它的浓度只占空气的十亿分之一，人们就能探测到。当它的浓度达到百万之0.15时，人们开始咳嗽；达到百万之0.17时，气喘病人和其他呼吸道病人就会非常痛苦。

臭氧是一种强氧化剂，能将二氧化硫（SO_2）转变为三氧化硫（SO_3），三氧化硫溶于水滴又会形成硫酸（H_2SO_4），臭氧在光化学烟雾形成过程中起到重要作用。低层臭氧（在海拔15.5英里即25公里以下）吸收来自地面的向外辐射的长波的光比来自上层向内辐射的短波的光要多。所以臭氧会导致地面温度升高。

补充信息栏：海陆风

白天，海风从海洋吹向陆地；夜晚，陆地风则从陆地吹向海洋。白天陆地比海洋升温快，暖空气在陆地不断上升，冷空气则从海洋上空被吸引到陆地的低空层取代暖空气的位置。暖空气上升时，陆地温度降低，上升的空气移到海平面上。在海面上空，空气沉降、向陆地回流。

夜间的情况则完全相反。陆地比海洋降温快，因此，空气在陆地上沉降，陆地风向海平面上空流动。在海面上空，陆地风挤入还没冷却的海洋表面空气层下，促使这层空气上升，向陆地回流。图22显示了这两种过程。

图22 海陆风
白天,空气在陆地上升,寒冷空气从海洋或湖泊流向海岸。夜晚,空气从陆地流向海洋或湖泊。

以往的雾和烟雾

当人们看到电视上有人抱怨空气污染或强烈主张减少污染时,我们往往认为空气污染是新问题。新闻报道让人感觉污染似乎开始于大约一个世纪前发明的汽车时期,或是比这个还早一些的工业革命时期,在此之前空气似乎十分清新干净。

其实这种观点是错误的。事实上,空气污染在很长一段时间里一直困扰着人类,已有成千上万年的历史了。更重要的是,空气质量是在好转,并不是在下降。的确,现在的空气并不像我们希望的那样干净,还有待于进一步改善。但是,以往的空气质量比现在还糟糕。

金属加工

空气污染问题从我们的祖先做钢铁加工时就出现了。诗人荷马在诗中提到，大约3 000年前，古希腊人就开始使用钢。钢是通过向熔化的铁中加碳制成的，所以炼铁的历史一定更长。

铁（化学符号Fe）很容易被氧化，所以很少有天然状态下的纯铁存在。一般都以氧化矿石的形式存在。赤铁矿（Fe_2O_3）是最普遍的矿石，而且很可能是钢铁工人最初使用的矿石。还有一些矿石也很常见，如磁铁矿（或天然磁石，Fe_3O_4）、褐铁矿［FeO（OH）nH_2O］、含有钛（Ti）和铁的钛铁矿（$FeTiO_3$）、菱铁矿（$FeCO_3$）或碳酸铁以及硫化铁（FeS_2）或黄铁矿。

为了把铁从硫或氧中分解出来，一定要给矿石加热直到金属熔化。铁的熔点是2 795℉（1 535℃），这样就出现一个问题，因为在古代，木头是主要燃料，但它的密度不大，燃烧后产生的热量达不到铁的熔点，所以就要用炭替代木头。炭的密度较大，它能够熔化铁。

过去，人们都害怕烧炭人，他们大部分时间住在森林的小屋里，衣服和脸都很脏。他们非常贫穷，而且语言粗俗。因为他们的工作肮脏，所以只能住在森林里，这样就很少与林外的人接触。

烧炭人首先要收集枝条和树枝，尤其是橡树枝，然后剥去树皮（将其卖给制作皮革的制革工），堆在一个中心立着高杆的浅圆形地窖里。他们围着高杆堆起的木头大约有6英尺（1.8米）高，高杆顶部突在外面，用树叶、蕨类和草皮紧紧地盖在上面，再用泥土和灰做的泥密封。最外层干透以后，把高杆抽出，沿着这个洞放入少量木炭，然后再放入一些燃烧的木炭。将底层木炭点燃。一旦他们看到火焰,就可以封住洞的顶端。过了一段时间,从堆里冒出烟,起初为白色,过几天后变成蓝色。出现蓝色烟时,整个过程就结束了。整个过程中,工人们要定期查看木堆,如果覆盖层上有裂缝就要立刻封死。如果洞里有火焰的迹象要用水扑灭。一旦整个过程结束,要让它慢慢冷却,然后打开,把里面的木炭装入袋中。一堆点燃后,烧炭工就会点燃下一堆,不停地继续下去。

这一过程的结果是将水分和氧从木头中除去。干木头中氧的含量超过40%,除去一部分氧既可减小木头的体积又能增加碳的百分比,产生可在更高温度下燃烧的高密度燃料。木炭燃烧产生的热量至少比同体积木头多出一半。木炭可以用来炼铁,然后在锻造车间加工金属。尽管烧炭人又脏又穷、有臭味,而且言语粗鲁,但他们却是金属工业的支柱。人们也用木炭取暖、做饭。

埃及、希腊和罗马

加工银要比加工铁容易。它的熔点是1 764℉(962℃),木头燃烧就可以达到这个温度。从埃及墓穴中开采出的银制品大约是在公元前4000年制成。公元前3100年时统治埃及的法老美尼斯王颁布法令,规定一份金等于2.5份银,所以银可以作为货币使用。到公元前800年,在尼罗河(埃及)和印度河(巴基斯坦)间的任何一个地方,金和银都可用作货币。另外,过去总是——当然,现在也是一样——有专门卖漂亮金属制品的现成市场。

银的化学符号是Ag,来源于罗马语*argentun*,然而这并不是它的最初名称。在此之前,人们把它叫做*luna*,是月亮的意思,常用来指新月。在铜和锌的硫化物矿里也有少量的银,但在方铅矿和铅辉矿

（硫化铅, PbS）中银的含量较多。

罗马作家老普林尼（23—79年）在《博物志》中描述了那个时代炼制银的过程。矿石要清洗过滤5遍，然后与铅熔化，用灰皿提炼。灰吹法是指把银铅的固体混合物放在浅盘子里（叫做灰皿）与一股热空气流熔合的过程。空气氧化了铅（和任何其他底部金属），氧化物或被吸收进灰皿侧面或被风吹走，留下的就只是银。灰吹法是大约5 000年前发明的，所以在老普林尼观察描述这一过程时，它已经有数千年的历史了。

1994年，法国格勒诺布尔大学的地理学家克罗德·布特罗恩带领的科考队记录了从格陵兰岛冰原的冰矿里发现的物质。格陵兰岛和南极洲的冰原是由每年降雪堆积形成的，上层雪的重量将下层雪压缩成冰。冰原是分层的，每年一层，清楚可见。这样，科学家们就可以迁移冰核——很长的冰柱——并通过查数层数确定每一部分的年代。他们还可以取出冰样，通过显微镜观察里面的气泡，分析成分，分析结果使他们了解到大量关于冰形成时期的情况。

布特罗恩和他的同伴发现，从公元前500年到公元前300年，落在冰上的雪中的含铅量是天然等级的4倍。罗马帝国时期的800年间，有400英吨（363吨）铅降落在格陵兰岛上。铅来自于提炼银的灰吹法。据科学家们计算，大约在公元前后，罗马和希腊的银矿每年生产出大约8万英吨（7.3万吨）铅渣，1%的铅渣进入空气里。直到工业革命的前几年，铅导致的污染等级才再次达到当年的水平。

煤和烟

木炭实用性很强，几个世纪以来一直被持续使用，然而到了中世纪，人们发现了它的替代物：煤。大约在1275年，马可·波罗（1254—1324）与其父亲和叔叔在亚洲游历时发现了煤，他认为煤是十分独特的物质。他在游记中写道："我要讲的是某种能像干柴一样燃烧的类似石头的物质。在中国，有种黑色的石头，从山坡的矿脉中挖出后，可以像干柴一样燃烧。这些石头产生的火焰比木头要强。我敢保证，如果你在头天晚上把它们放在火上，它们一定很好地燃烧而且可以持续整晚，第二天清晨你会发现它们仍然在燃烧。"

当然，中国并不是唯一具有丰富煤矿资源的国家。许多地方煤资源都很丰富，比如英国，在马可·波罗游历前英国人就已经开始使用煤了。考古学家对苏格兰爱丁堡附近的塞托港的铁器时代居民地进行考古调查时，发现了一些煤的碎块，其中很多是燃烧过的。公元前的最后一个世纪，这里曾被占领，所以在那时，煤已经被人类应用了。在附近也有些煤的沉积，考古学家认为是人们在挖井和沟渠时将其转移。尽管那时人们还是因为木头轻、容易保存而喜欢使用它，但他们也已经知道煤能够燃烧。

到13世纪晚期，英国的大部分的地区都在使用煤。1257年诺丁汉的烟非常严重，亨利三世的妻子埃莉诺·普罗斯旺（1223—1291）女王在访问时，由于对自己的生命十分担忧，就从诺丁汉城堡搬到了几公里外的图特布利城堡。有趣的是，1157年亨利二世的妻子埃莉诺·阿基泰恩（1122—1204）曾因木头燃烧产生的烟而被迫离开图特布利城堡。

煤从英国东北部运往伦敦，由于在海上运输，所以得名"海上之煤"。煤很快受到欢迎，但它释放的烟却对人体健康造成威胁。当时有这样的传言：如果你吃了煤火做的食物就会生病，甚至丧命，所以国王爱德华一世在1273年通过一条法律,目的是降低由烟导致的危害。几年后的1306年,问题变得更加严峻,引起了公众的极大担忧。在议会开会期间,国王又通过了另一项法律,禁止在伦敦燃烧煤。尽管这条法律明确规定违反该法律的生产商要受到审判、判处有罪并斩首,但它并没有十分奏效。

空气质量每况愈下

煤的使用从未停止过,所以欧洲城市的空气质量继续恶化。1578年,由于伦敦的空气味道很差,伊丽莎白女王一世拒绝进入伦敦。大约在1590年,她又抱怨威斯敏斯特宅邸里的煤烟难以忍受。从远处望去,城市上空烟雾笼罩,游客们也因此开始咳嗽、抱怨。

蒂莫西·努斯曾任职于牛津大学,但因改信罗马天主教,丢了职位。他于1699年去世(出生日期不详),他一生中对耕作和园艺有着极大的兴趣,并撰写了一些关于这些主题的书,其中在1700年出版的《论园艺的好处与改进》的书中,对城市空气描写到:"房子遭受的损害无法尽数,里面的家具、盘子、黄铜器和白银器皿以及玻璃都遭受损害……一张价值80或100英镑的床,大约十多年后一定因被烟弄脏了而搁在一边……"

约翰·伊夫林(1620—1706)也讨厌烟。作为一名敏锐的观察者、著名的作家和日记撰写者,他对空气质量投入了大量的精力。在《英国特色》(1659)里他这样描写伦敦:"上面覆盖的云状的煤烟,好似地球之上的地狱、浓雾下的火山。有害烟腐蚀了铁,破坏了一切动产,并在所有点燃物体上留下油烟;而且最致命的是它会吸附在人们的肺上,所有人都逃脱不了咳嗽和痨病(就是肺结核）的厄运。"

1662年他出版了《伦敦烟雾的危害》，他在书中提到："伦敦城无节制地滥用煤，这是最严重的困扰和公众指责之一。如果没有煤烟，伦敦将是无与伦比的城市……当向外吐出煤烟时，伦敦城就像是火神的法庭，面对埃特纳火山，或是地狱的边缘，而不是合理的产物的集合。"

伊夫林在他的日记中几次提到了烟雾以及试图控制烟雾的一些尝试。如1662年1月11日，他写道"我收到女王律师彼得·霍尔先生的来信，是关于控制伦敦烟损害的法律草案，通过撤走几个致烟的行业来修改该法律，因为这些行业危害了国王和公民的健康。"很显然，这一法律并不十分奏效。在1671年12月15日，伊夫林写道："这是有史以来泰晤士河上发生的最浓最严重的雾，我恰巧遭遇其中。"还有1684年1月24日他写到："由于天气过冷，冷空气阻挡了烟向上攀升，伦敦笼罩在一片烟灰中，几乎看不到街对面的行人，肺里都填满肮脏的颗粒，呼吸十分困难。"后来在1699年11月15日写到："这一周，伦敦的雾十分浓，街上的人都迷了路。雾太浓了，以至于用蜡烛和火把都找不准方向。我也被困在雾里，情况十分危险。当马车和行人路过的时候，路灯之间就有抢劫发生……泰晤士河上，只能靠敲鼓声指引船员靠岸。"

工业城市

工业革命一开始，环境状况就迅速恶化。在进入工业革命之前的18世纪，伦敦平均每年有20个烟雾天。到19世纪末，就达到平均每年60天。

气象学家卢克·霍华德（1772—1864）曾修改了云的分类系统，奠定了人们今天应用这一系统的基础，他还写了关于城市气候的首次记述。三册书的第二版《伦敦及其周围的气象观察报告》于1833年出版。他在书中描述了1812年1月10日的雾天："今天伦敦陷入一片黑暗，时间长达几个小时，商店、办公室都必须开灯才可以工作。因为不是夜晚时间，路灯没有被及时打开，行人都得加倍小心看路，避免发生事故。弥漫着灯光的天空呈现出古铜色。偶尔，堆积在相反方向的缓和气流中间的烟也会出现这种结果。我被告知，在今天这种情况下，在40英里远的地方可以看到这充满烟灰的云。如果没有大气的这种强烈的流动性，多口的火山地区在冬季几乎不能居住。"

1826年1月16日，霍华德记录了伦敦的另一个雾天。当时"所有的商店和办公室都点着蜡烛或灯，街上的马车寸步难行。"他还提到，距伦敦5英里（8公里）以外的地方天空晴朗无云，阳光明媚。这表明雾聚集在城市上空的对流下面，1828年11月28日的雾是最浓厚的雾之一，"……雾使人非常痛苦，眼睛剧痛，街上的行人几乎要窒息，尤其是气喘病人更加难受。"

《俄勒岗小径》的作者，美国作家弗朗西斯·帕克曼曾在19世纪早期的一个5月访问过伦敦。他说，从圣保罗大教堂上看到有一半屋顶和教堂尖顶都隐藏在烟雾中。5月通常是冬季已过，天气应该非常晴朗才对。

帕克曼来访和霍华德观察之后不久，城市空气开始好转。从中世纪到19世纪中期，煤中的含硫量很高，自此以后开始减少。所以，那时的烟雾比20世纪的烟雾酸性更强。从16世纪晚期开始到1850

年，伦敦空气中二氧化硫的平均浓度从每立方米50微克增加到每立方米900多微克（1微克等于一百万分之一克；1立方米等于35.31立方英尺）。到1875年左右，空气中的含烟量从每立方米50微克增加到每立方米大约450微克。这已经达到了顶峰。到19世纪末期，伦敦空气质量已经迅速改善。现在，空气中二氧化硫和烟颗粒的含量比1585年以来的任何时候都低，但精确的浓度值有所变化。欧洲和北美的一些工业城市也经历过空气污染达到最高值后又急剧下降的过程。

空气质量好转似乎是生活水平提高的结果。从19世纪下半叶开始，工业化国家的人们变得更加富裕。人们日益富裕的生活意味着他们买得起改善空气质量的设备，也就是在污染物质进入空气之前把它们去除。同时，人们不再燃烧煤，而是用石油和天然气代替煤，这两种燃料更加洁净。他们开始怀疑，是否有必要以空气为代价来换取工业的发展。人们更加关注环境质量，不再忍受它的折磨。他们要求改善，而且已经从更换燃料做起，并且已经取得了一些成绩。

在非工业国家的大多数城市里，情况并不是这样。那些城市空气最差的时候也比伦敦的空气强得多，但它们也经常遭受严重的空气污染。空气质量依然有待提高，而且在未来的几年，这些国家会更加富裕，所以空气质量一定会有所好转。

工厂和发电厂的烟囱及其排放的气体

马铃薯原产于南非，在16世纪下半叶由一名船上的厨师传到欧洲,他在哥伦比亚港的塔赫纳装了一货栈的马铃薯,以备在回西班牙的旅程上食用。船到达目的地时,仍有一些剩余,厨师将这些马铃薯卖掉或是送给别人。

人们认为这种新的食物含有药用价值,所以它被广泛食用。但最吸引人的还是马铃薯很有实用价值,它比其他任何谷物都高产,而且可以在湿润的气候里种植。相同面积的土地,马铃薯比其他主要农产品收成都好。另外,马铃薯保存方法非常简单,放在地上就可以。在战争年代,这一特性非常有用,因为战争使人无家可归,并毁掉了地里的农作物。马铃薯在爱尔兰备受青睐,不久人们就开始依靠马铃薯生活。19世纪早期,一个爱尔兰农民家庭每天要吃掉大约8磅(3.6千克)的马铃薯。

在1845年,又一个物种从美洲进入欧洲——这个不速之客的进入纯属偶然。尽管最近有些研究对此提出异议,科学家们还是认为它源自墨西哥。它是种水霉,叫晚疫病菌。如果有了适合的条件,它会在马铃薯内部生长,破坏植物,使块茎变成黑色,不能食用,散发着难闻气味的黏稠状。这种病叫做马铃薯晚疫病,它曾在1843年摧毁了北美的农作物,也在这一年晚些时候来到爱尔兰地区。晚疫病菌孢子躲藏在土壤里过冬,直到第二年,病菌开始侵袭农作物。那年夏天空气温暖、湿润,适宜病菌生长。疫情在西欧地区大面积蔓延,所到之处的马铃薯都被破坏,但其向南部和东部方向的蔓延受到了限制,因为在干燥的空气和土壤里病菌不能生长。不列颠岛损害非常严重,受害最严重的地区是爱尔兰,因为马铃薯在爱尔兰的重要性最大。农作物的损害导致爱尔兰马铃薯饥荒,一直持续到1850年。

每个地方的马铃薯都因疫病而死掉或腐烂——除了几个地方以外。在那几个地方,马铃薯正常生长。没人知道是什么原因。因为天气非常潮湿,很多人认为疫病菌是湿潮腐烂的一种。然而人们注意到,这些未受影响的马铃薯总是生长在炼铜工厂的顺风一面。在1852年,法国科学家米亚尔代发现喷洒了硫酸铜和石灰混合物的葡萄可以避免受到一种十分类似病害——霜霉病的侵袭。1885年,米亚尔代发表了一篇科技论文,论文里提出硫酸铜也可以预防马铃薯晚疫病菌。

工厂会排出一些铜化合物。这些污染物质由空气传播,滞留在顺风方向的植物上。在这种情况下,污染物质反而保护了植物,这一发现促进了铜基杀真菌剂的开发。因为它杀死了大多数的真菌,包括一些无害真菌,所以现在这种杀真菌剂已被淘汰。

不含铁的金属

工业污染物很少能起到有益的效果。事实上,"污染"这个词明确指的是有害物质。对很多有机体而言,铜化合物是有毒的,除非剂量很小时才不会产生什么影响。它能毒死鱼,剂量大时会危害大多数植物,持续高剂量也能毒害包括人在内的哺乳动物。19世纪炼铜厂排出的物质毒死了真菌。类似真菌的有机体严重地损害了重要的农作物,这不是幸运的巧合。

炼取金属是应用热能从矿石中分离金属的过程,这是获得铜的主要途径之一。

矿石是含有化合物形式金属的矿物质,通常发现在岩石内部。它从岩石中分离后浓缩,再与能使金属迅速熔化的助熔剂混合,加热到足以使金属熔化的温度。在炼铜过程中,石灰岩经常被用作助熔剂。纯铜的熔点是1 982.12℉(1 083.4℃),所以矿石一定要加热到高于这个温度。矿石中与金属结合的一些元素彼此反应,形成化合物,以熔渣的形式附在熔化的金属上。冰铜是熔化的铜、铁、硫以及熔渣的混合物,从熔炉底部排出。冰铜还可以加热,第二次分离出铜。

任何一个高温熔炉都能迅速向上释放热气和颗粒。而且我们可以很容易地看见气体如何从熔化铜的过程中释放出来,还夹杂了一些含有金属铜、硫酸铜和氧化铜颗粒的灰尘。

另外,尽管该气体对真菌不起作用,可其中却含有燃料燃烧的产物。焦炭作为燃料,是通过把煤在真空状态下加热到1 600—2 300℉(871℃—1 260℃),散出易挥发成分后得到的。它在高温下燃烧,释放出二氧化碳、氮氧化物和少量的二氧化硫。硫是降低金属质量的杂质,所以炼金属选用的焦炭含硫量应在1%以内。

铜还可以通过电解获得。当电流通过硫酸铜溶液时,从由铜矿石制成的正电极(阳极)流向纯铜制成的负电极(阴极)。溶液中的铜离子移到阴极,硫酸根离子移到阳极。

铝

我们使用的铝几乎都是通过电极获得。金属与氧之间有很强的吸引力,所以要通过加热矿石从氧化铝中分离金属是很难的,而且成本很高。当纯铝暴露于空气时,立刻形成薄薄的一层氧化物,完全覆盖着表面。所以通常在铝中加些其他金属以防止氧化发生。

三氧化二铝(Al_2O_3)用来制作电池的一列,叫做电解电池列,含有熔化的铝、钠化合物和冰晶石,冰晶石是含有钠、铝和氟的矿物质（Na_3AlF_6）。三氧化二铝加热至 1 750℉（950℃）时,内含的水分全部排出,电流在电池底部从碳阳极流向碳阴极,三氧化二铝与碳反应:$2AL_2O_3 + 3C \rightarrow 4AL + 3CO_2$。熔化的铝从底部流出,过程中会损失一些氟,所以通过加入氟化铝（AlF_3）来替换。损失的氟以气体的形式释放出去,里面主要成分为氟化氢（HF）。

空气运载着氟的化合物顺风而下,停留在植物上。它们堆积在植物上并产生破坏作用。浓度微小的氟就可以使草地上吃草的牛中毒。过量吸入氟会引起氟中毒。氟代替了骨头中的钙,骨头变厚了,但同时变得既软又脆,而且在以前没有骨头的地方也会长出骨头。在炼铝厂顺风方向草地上吃草的牛过去就曾遭遇过氟中毒。

树也会受到影响,华盛顿的斯波坎铝矿提炼厂排出的氟化氢曾在1943年损坏了美国黄松的针叶,到1952年时,50平方英里（129.5平方公里）以内的树都受到了影响。

该受谴责的不仅是铝生产厂家,由于用来制作砖的黏土也含有氟,所以砖窑也释放氟。磷酸盐岩石通常也含有氟的化合物,所以在生产过磷酸盐肥的过程中也释放氟化氢,同时生成可用于建筑工业和大量制造业的副产品石膏（硫酸钙水合物,$CaSO_4 \cdot 2H_2O$）。

在发现铝之前,明矾被用作染色用的媒染剂。媒染剂是保证颜料耐久的化学物质,这样衣服才不会洗掉色。明矾是硫酸铝（$Al_2[SO_4]_3$）与另一种金属的硫酸物在水中结合生成的。明矾有许多种,但最重要的一种是钾或钾化合物,是硫酸铝和硫酸钾结合生成的（$KAl[SO_4]_2 \cdot 12H_2O$）,明矾石可以天然形成,也可经工业生产制成。大约1600年英国开始生产明矾,到1627年,伦敦的一些居民开始抱怨明矾厂附近的烟气毒害了人体,但他们还不清楚究竟是什么伤害了他们。

汞

刘易斯·卡罗尔的作品《爱丽丝漫游奇境记》中的疯子帽商患有一种神经系统的疾病,他的症状是没有食欲——晚会进行了很久,可他还什么都没吃——牙齿发炎和贫血。他这种病是在工作中染上的。过去他经常用汞覆盖在帽圈上,以便将丝带固定在帽子上,所以摄入了少量汞。如果像这个疯子帽商一样长期从事这个职业,通过皮肤吸收的汞就会使他们生病,导致汞中毒。

通过这种方式染上汞中毒的情况很少见,而且现在帽圈已不用这种方式固定,但汞仍然会导致污染。很多物质里都含有少量汞,尤其是在煤中。煤燃烧后,汞释放到空气中,继而下沉。一些落在湖或河里,下沉至河床的沉积物上,在这里细菌将其转化成毒性最大的化合物之一甲基汞。鱼吸收了食物中含有的甲基汞并将其存留在体内,经常食用污染鱼的人们会因此而中毒。燃烧煤的发电厂是空气中汞的主要源头。

在南美的热带地区,鱼通过不同的污染源受到了汞污染。金银矿的矿工们一直使用汞从矿石中分离贵金属,这是古老而简单的方法。矿石先被磨成粉末再与水银混合,用力搅拌混合物,会形成一种液体或糊状物,叫做汞合金。当汞合金从粉末中分离出来后,汞合金留下,岩石粉末被运走。最后一步是从汞合金中分离出金和银。汞的沸点是 673.84℉(356.58℃),金的沸点是 5 085℉(2 807℃),银的沸点是 4 014℉(2 212℃)。加热汞合金,汞蒸发出去,留下的是贵金属。汞蒸汽冷却凝结,这样汞恢复原状。汞很贵,大型加工厂都会有效地再次利用,所以很少会流入空气中。然而偏远地区的小型加工厂就不可能这么有效地再次利用汞,在南美,排放到空气中的汞引起了以鱼为生的人们对健康的关注。

铁与钢

在缺少良好排放系统的国家里,钢铁工业是污染的主要源头。宾夕法尼亚州的匹兹堡过去以"钢城"或"铁城"著称,也被称为"烟城"。中国东北部城市鞍山被称作"卫星上看不到的城市",因为它总是被一层浓雾笼罩,从卫星上根本看不到这座城市的存在。

用焦炭作燃料,在炼矿石过程中加入石灰岩,这样就可以获得铁。热焦炭释放的一氧化碳(CO)与铁矿石反应,生成铁($2C+O_2 \rightarrow 2CO$;$Fe_2O_3+3CO \rightarrow 2Fe+3CO_2$);Fe是铁,$Fe_2O_3$是赤铁矿(一种常见的铁矿),熔化的铁从熔炉的一端移走,而石灰岩(主要成分碳酸钙,$CaCO_3$)和矿石中其他成分反应生成的熔渣则从另一端运走。最后熔化的铁再与少量的其他金属混合制成钢。

生产焦炭的烤炉释放出含有碳的精细焦炭粒子,炼铁过程释放二氧化硫或硫化氢(H_2S)、精细颗粒和一氧化碳。如果硫化氢的浓度一直保持在百万之0.3至3.0,它将伤害到某些农作物;如果空气中硫化氢的浓度超过了百万分之0.03,一些物种就不能正常生长。炼钢过程也会释放氮氧化物和臭氧。氟石也可用作助熔剂(有助于金属的熔化),它是由氟化钙(CaF)和含有氟化物的炉灰制成的矿物质。很多年前,化学家在对加拿大安大略省汉米尔顿的炼钢厂的炉灰进行分析时,发现炉灰中含有砷、镉、铅、汞、锌,还有氟,这表明生活在炼钢厂附近以及在那里工作的人是肺癌的高发人群。

化学品和石化产品

工业用化学品的制造过程中会生成许多有毒的废弃物质,一旦这些物质释放到空气中,就会引起严重污染,其中包括广泛应用的化合物,如苯和甲苯。

苯(C_6H_6)可以从焦炭炉和石油的副产品中获得,是它们的天然组成成分。图23是苯的结构分子式。苯用在乙苯、苯酚和马来酸酐的生产中,而它们恰好是生产塑料的物质。它还可应用于其他物质的生产中,如苯胺染料、洗涤剂里的十二烷基苯和杀虫剂中的氯苯。苯还是不错的溶剂,可以溶解橡胶、脂肪和一些树脂。

甲苯用于爆炸性三硝基甲苯(TNT)的生产,在用作食品防腐剂的苯甲酸的生产以及糖精、染料、摄影化学制品和药品的生产中,甲苯也是很好的溶剂,它还可以作为航空用油的抗爆添加剂。

苯和甲苯都参与了生成光化学烟雾的反应。更严重的是,苯自身就是有毒物质,当苯含量超过十亿分之500时,就会导致非淋巴细胞白血病,这是癌症的一种。烟草散发的烟是苯的

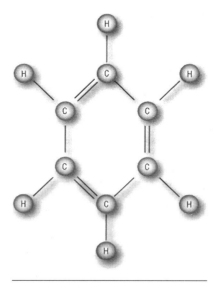

图23 苯的结构分子式

主要源头。一些新兴的工业国家释放到空气中的苯可能会多一些，而在北美、欧洲和澳洲的一些工业国家里，苯的释放量十分微小。1994年12月，一项对英国伦敦空气的分析结果显示，空气中甲苯含量是十亿分之2.47，苯的含量是十亿分之1.92。这个含量是极其微小的，其中1/3以上来自于汽油和柴油发动机——是在加燃料时释放到空气中的。

计算机和其他电器在使用时不会造成污染，但在其生产过程中应用的一些物质却会引起污染，这些物质包含镉、镍、铅、汞、硒和锡，它们都可能形成有毒的化合物。

发电厂

大多数发电厂是通过将水转为水蒸气，再用蒸汽带动涡轮旋转的方式发电的。在这个过程中需要有热量抬升水蒸气，通常这部分热量来自于核反应堆或含碳燃料的燃烧。普遍使用的燃料有煤、天然气和石油。由于人们对石油使用安全的担忧和油价不稳定，石油的使用已明显减少。也有一些国家用泥炭作燃料。

氧化反应是个放热的过程。反应会以热的形式释放热能，当含碳燃料在空气中燃烧时就发生氧化反应。如果反应充分，碳被充分氧化生成二氧化碳：$C+O_2 \rightarrow CO_2$，因为二氧化碳是空气的天然组成成分，所以一般人们不认为二氧化碳是污染物质，除非含量很高，否则是无害的——而且它对植物有益。尽管二氧化碳没有任何伤害，但它吸收热量，所以现在引起了人们的关注。因为二氧化碳是温室气体，所以政府急切希望减少工厂和发电厂排出的二氧化碳量，以使温室效应最小化。

熔炉并不能将燃料完全燃烧,部分二氧化碳不能被完全氧化,因而生成了一氧化碳(CO)。当一氧化碳达到一定浓度时,它对人体产生毒害,但还有人怀疑在一个汽车废气为主要源头的封闭空间内,一氧化碳是否会致病(参见"污染与健康")。一氧化碳与空气混合后,立刻产生反应,生成二氧化碳。

还有一些碳根本就未被氧化,与氢结合形成碳氢化合物。该化合物是个大家族,其中大多数化合物里除了碳、氢,还有一些其他的元素。随着熔炉内燃料温度的上升,一些碳氢化合物蒸发,被热的蒸汽带动向上,然后被点燃。这些是易挥发的有机化合物,或叫VOC_S。它们冷凝生成黑烟(参见"燃料燃烧时会发生什么现象?"),有些对身体健康有直接危害。

利用燃料燃烧的发电厂还会释放氮氧化物,通常用NO_X表示。氮氧化物与碳氢化合物都参与生成光化学烟雾的反应(参见"光化学烟雾")。在酸性降水里也涉及了氮氧化物(参见"酸雨、雪、轻雾和干沉降")。

天然气中主要有甲烷(CH_4),但煤、石油和泥炭中除了碳和氢以外还含有很多其他物质。燃料燃烧时,有些物质被氧化,其他物质会生成细小的粉末,在空气中以特殊物质的形式存在,或叫PM(英文中"特殊物质"的缩写),它的分类以颗粒的大小为基础。如果颗粒直径小于25微米,它就叫PM25;如果直径小于10微米,叫做PM10。这两种物质都会对健康造成危害。

气体和灰尘中还含有一些燃烧产生的其他元素,其中最严重的就是二氧化硫(SO_2),这也在酸性降水中有所涉及,还含有汞。令人惊奇的是,燃煤熔炉会比核发电释放出更多的辐射。这是因为所有的天然物质中都含有一些放射性物质。当煤燃烧时,这些放射性成分释放到空气中,而核发电只允许释放极其少量的放射性气体和灰尘。

危害

并不是所有工业产生的气体都对健康有害,其中一些气体只是味道难闻而已。生产工业化学产品的工厂、石油提炼厂和纺织厂都产生一些气味,有些气味十分难闻。

酿酒厂用啤酒花给啤酒调味,它使啤酒有种淡淡的苦香,如果没有它,啤酒的味道将甜得令人讨厌。啤酒花是啤酒藤上的雌性花,把它加入酿造的热浆中,会放出一种强烈的味道,弥漫到很广的范围。很多人都讨厌这种味道。

将兽皮加工成皮革的制革厂一直散发难闻的气味。过去在人们的坚决要求下,皮革厂都坐落在尽量远离城区的地方,但也不能太远,因为工人必须得每天步行到工厂。兽皮加工过程的第一步是除去长在皮内的肉和脂肪,因为它们很快会腐烂,所以这也是难闻气味的第一个来源。然后兽皮要经过化学处理,传统上会应用鸡粪和狗粪这样的成分,然后浸泡在尿液中为下一步骤做准备。现在,人们已经有了更卫生的化学物质,但制革过程依然臭味难忍。

现在化工厂生产的胶粘剂已大部分取代了老式胶水,但过去住在胶厂附近的人们很痛苦。一些胶是由兽皮和山羊骨、牛骨制成。产品以薄片和颗粒形式存在,它们溶于热水,所以只有在热的时候才可使用。可以凉用的胶是由鱼骨制成,其他胶由牛奶中的酪蛋白制成。加工牛奶分离出酪蛋白,加工动物骨和兽皮生产的浓缩明胶都产生强烈的令人作呕的气味,并弥漫到外面的空气里。

纺织厂则释放出纤维，它们虽然无害——因为体积太大，无法进入肺部——但却挂在植物上或飘进室内。因为纤维令城市变得肮脏不洁，所以也是一种城市危害。

工厂不准许使用有害物质污染空气。一些污染物质还没来得及排入空气就被俘获了（参见"俘获污染物"）。生产技术的进步使得资源利用更加有效，所以人们也不再生成其他的污染物质。

烟囱与烟流

人们最初为了获取岩石中的金属而加热岩石的工作是在室外完成的。窑中加热矿石需要有木头或木炭的燃烧，烟气向上升至空气中散发出去。首先炼制出的金属是铜，它的熔点是1 982.12℉（1 083.4℃），木头燃烧就能达到这个温度。铁的熔点是2 795℉（1 535℃），熔炼比较困难，后来工人们发现了制作木炭的方法，所以达到这个温度也不再是问题。

工人在户外工作是图方便，而且不需要高的烟囱。烟气排放到空气中随风吹走，如果风将烟吹在工人脸上，他们就转到火的另一面，就这样绕着火堆转来转去。

这恰好反映出烟的运动方式，罗马人发明了热空气中心加热，用烟囱排烟，但北部陆地的人们用木火取暖和做饭。炉子位于客厅的中心，烟通过屋顶上的洞排走。人们最初使用的烟囱是一个两端都能移动的管子，固定在屋顶的最高点。

与现在的形状相似的烟囱在中世纪时期首次出现，当时建筑工人开始用石块建造大型建筑物。而后的一段时间内，家用烟囱都分为两部分，下半部是指建在由石头制成的炉子上，上半部建在房子外面，由树枝和黏土制成。工厂烟囱是在家用烟囱的基础上发展而来的。

烟去向何方

研究成分和能量循环的生态学家指出，任何事物都有归宿。如果物质被释放到周围环境里，它不会立刻消失，一定是去了另一个地方。

烟囱带走热的气体和颗粒，目的就是当人们围坐在火炉旁烹制食物或从事有热源的工业操作时，使烟远离人们。烟囱将讨厌的物质排放到户外空气中，彻底与气团混合，散布开来。建筑物周围短距离内探测不到这些排放物。

短距离是多短？这主要由几个因素决定。首先是烟囱的高度，或更确切些，是烟囱的有效高度。烟囱不单是屋顶上的一个洞，而是作为一种分离装置。烟囱源于挪威语"*stakkr*"，是"干草堆"的意思，它启发了人们造烟囱的灵感，用石头或砖块砌成。烟囱都很重，就连家里的短烟囱也一样。烟囱一定要独立地建在建筑物上，这样它就可以不承担建筑物的任何重量。而且它一定要有坚固的根基，才不会因自身重量而下沉或倾斜。

热气体沿烟囱上升是由于浮力的作用（参见补充信息栏：浮力）。热气从烟囱顶部冒出后会冷却，但仍有正浮力存在，被下面的气体推动向上运动。所以，出了烟囱的气体，会一直向上漂浮到很远的地方。

补充信息栏：浮　力

　　当物体浸入液体中，溢出的液体与该物体积相同，这是希腊数学家和物理学家阿基米德（大约公元前287—12）发现的，因此叫做阿基米德定律。物体减少了相同体积液体的重量，减少的这部分重量对物体施加了一个向上的推力。这个向上的力叫做浮力。

　　如果物体重量大于替换液体重量，物体下沉，这时的浮力是反浮力。如果物体重量小于替换液体的重量，物体上浮出水面，这时的浮力是正浮力。如果两者重量相同，物体既不下沉也不上浮，这时浮力为中性浮力。

　　如果热气或大量气体与周围流体密度不同，也就产生了浮力。气泡上浮就是因为气体密度小于流体，所以有正浮力。

　　热气密度小于冷空气，所以具有正浮力而上升。这样热的气体夹带着燃烧或物质加热时产生的其他气体、物体颗粒和液滴，流出烟囱进入冷空气中上升。

　　可以通过物体或气体的质量、物体密度、周围流体密度和重力加速度来计算浮力。

　　人们在发电厂或某个特定工厂的冷却塔上会十分清晰地看到这个效果。冷却塔，顾名思义，是用来冷却热水。空气通过下面的烟道进入烟囱，然后通过风扇从上面排出。在塔顶附近，将热水喷向上升的冷空气,随着它的下降,水落在地上,流过一些横在其中的挡板。这使水下降速度减慢,增加了露在空气中水面的范围。液态水聚集在塔底的盆里。一方面因为水裸露在空气中,另一方面还因为有部分水蒸发,带走了邻近水和空气的蒸发潜热,所以水被冷却。

一些蒸发的水汽会再次冷凝,但残留物随上升的水蒸气从塔顶排出。一旦排出塔进入空气中,水迅速冷却,冷凝在云团上。无风时,塔上的云能够延伸至相当的高度。水汽上升也是因为含有带正浮力的空气和水。云顶指云的密度与周围空气相等时的高度。尽管云与白烟十分相似,但冷却塔上的云里除了含有水滴以外,没有任何令人担心的物质。

除了少有的近地面几百米内一丝风都没有的那几天,烟囱以上都有一个高度,在此高度以内气体为中性浮力并沿顺风方向运动。这个高度是烟气流进入大气的有效高度:有效烟囱高度。它的计算是把烟囱高度和烟流高度加在一起。烟流高度是指气体在变到水平运动前的追加高度。图24显示了有效的烟囱高度。

有效烟囱
高 度

图24 有效的烟囱高度

烟柱的消散

烟柱的消散完全取决于大气状况。烟柱顺风运动时可以形成打转路径、锥流、铺开、升高、下沉和烟流。图25依次解释了这几种消散方式。

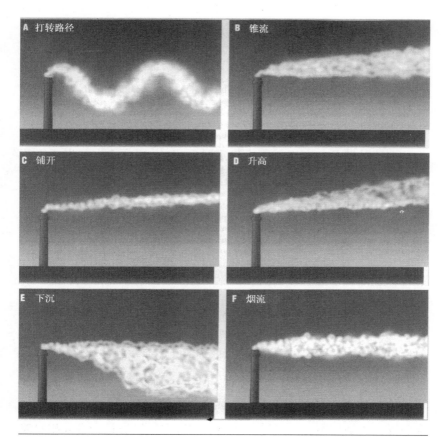

图25　烟柱的种类

在晴朗的夏日，地面被阳光照射后，一些地方比其他地方热得更快。这种差导加热导致局部地区对流形成，有些地方空气上升，有些地方空气下降。受此影响，烟柱时而上升时而下降，有时甚至能触到地面。这种运动路径被称为打转路径。随着距离烟囱越来越远，烟柱打转的幅度也在增加。因此晴朗的夏日里，烟柱常在距离烟囱一定距离的地方形成小块地面污染地区，但这只在白天发生（因为夜间时地表不受差导加热的影响）。

当空气几乎没有垂直运动并且风力足够大时，烟柱向烟囱下风向运动并且逐渐变宽，其中心线是水平的。此时烟柱形成一个锥形，这就是锥流。锥流在白天或夜晚都可形成。锥流只在离烟囱很远的地方才会引起近地面污染。

烟柱的铺开是在空气非常稳定时形成的，通常会在逆温层以下（参见补充信息栏：逆温），并且夜晚比白天发生的可能性大，因为夜晚空气更加稳定。由于几乎没有垂直的空气运动，所以烟柱做水平方向顺风运动时，一直保持在有效烟囱高度。尽管没有垂直方向的空气运动，但受空气不稳定的水平运动影响，烟柱会向两边运动。这样从上面或下面直接看上去的话，烟柱很像扇子的形状。铺开的烟柱往往要飘出60英里（100公里）左右的距离才会在空气中消散。

逆温层经常在夜晚形成。太阳下山后不久，地面吸收的太阳辐射量少于地面释放出的热量，地面冷却，近地面空气变冷，在暖空气下面形成一个冷空气层，这就是逆温层。逆温层始于地面并向上伸展。顶部的暖空气稳步上升，下面的冷空气逐渐变厚，被排放到逆温层以上的烟柱不会下沉进入逆温层的冷空气里而只会进入相对温暖、稳定的空气中。垂直气流带动烟柱向上运动，在离地面很远的地方消散。这种烟柱叫做升高烟柱。升高是烟柱理想的消散状态，因为它不会造成地面污染。

随着夜色的深入，逆温层不断加厚，直到超过了有效烟囱高度。此时烟囱排放的烟柱进入逆温层，升高烟柱转为铺开烟柱。

破晓时分，情况发生变化，地面温度开始上升，对流使地表空气向上运动，在近地面形成一个空气完全混合的空气层。随着清晨的邻近，混合层渐渐加厚，直至到达铺开烟柱的高度，但烟柱之上的逆温层仍阻止它继续上升，所以空气的垂直运动把气体和颗粒带回地表，这样就形成烟熏，烟熏能导致严重的污染。幸运的是，烟熏的时间很短，因为用不了1小时逆温层就会渐散，烟柱继续上升。然而，如果铺开烟柱是沿山谷或在山谷逆温层下运动，那么烟熏带来的污染仍能给那些距离烟囱很远的人和野生生物带来影响。

烟熏也能由高大建筑物周围的空气漩涡引起。建筑物挡住了风的走向，因此风向总在变化。人走在两栋建筑物中间有时根本不可能判断出风向，但观察风中飘动的纸屑时你会发现它不仅一直在旋转而且还在反复上下运动。这是因为风在障碍物的上面和周围吹过时有漩涡形成，所以空气既有水平方向也有垂直方向的运动。如果烟囱排放出的烟柱进入了空气漩涡，那么烟柱将随漩涡运动，污染可直至地面（见图26）。位于陡峭山坡上的烟囱有时会产生类似的效果。当风刮过山顶时，空气漩涡沿背风坡向山下流动，这样烟柱也随着下降至地平面。

烟流是烟柱消散的最后一种形式。当薄薄的逆温层延伸至有效高度之上且风力很小的时候，烟柱就形成烟流。此时烟柱略微变宽，同时有轻微下沉，但是气体和微粒几乎没有扩散。

图26 建筑物周围的空气漩涡形成的烟熏

空气的自洁

空气能够通过净化或干沉降的方式将污染物质从空气中清除并使其沉积在地面,这是空气的自洁方式。图27是对这几种方式的示意。

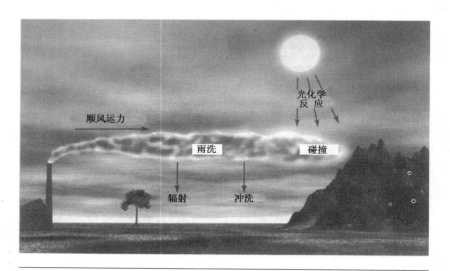

图27 空气的自洁

烟尘和气体离开烟囱后与空气混合,在顺风运动时扩散被稀释。沉降、雨水冲洗和碰撞等方式也能清除污染物。烟尘和其他物质受阳光照射后产生化学反应,污染物也可被清除。

气体和颗粒离开烟囱的瞬间就开始与外部空气混合，气体分子与单个颗粒物相互碰撞、跳弹，所以尽管烟柱整体呈上升态势，但内部各成分在最小的层面上还是向各个方向运动，分子彼此远离，空气分子充斥其间，所以看上去烟柱变宽。

这个过程叫做扩散。它主要靠分子和微小颗粒物的无规则运动形成。它能起到稀释烟柱的作用。只要从烟囱排放出的物质能在空中停留，扩散就会一直持续。我们可以用实验来亲自观察：在静止的空气中点燃一支蜡烛，熄灭并观察烟是如何迅速消散的——通过扩散。我们还可以在一盘清水中滴入一滴食品染色剂观察颜色如何扩散和最终均匀地消散在水中。因为扩散已经使染色剂被稀释了，所以在水中几乎很难辨认出它的颜色。

干沉降

一旦烟柱到达了有效烟囱高度就开始顺风漂流，继续变宽，浓度更加淡化，且速度减慢。此时烟柱的运动能量比因强烈对流而上升时拥有的能量小，所以烟柱中的固体颗粒物难以继续上升，那些最大最重的颗粒由于地球引力的作用开始下降，这一过程叫做沉降。你很可能听过这个词，因为人们常把它与核爆炸或核电厂事故中落在地面的放射性颗粒联系在一起。事实上，任何一个粒子从空气中落向地面的过程都可以被称为沉降。

沉降只是干沉降的一种，另一种干沉降叫做碰撞。当烟柱中的气体或颗粒撞击并依附于物体表面时碰撞即发生。碰撞也可以清除空气中的固体颗粒。

净化

烟柱中的一些较小的颗粒物可以充当云凝结核。如果空气中的水汽已经饱和，一些水汽会很容易地冷凝在这些小颗粒上并被包裹在云滴里，一些可溶性颗粒还溶解于云滴。这些云飘进干燥的空气时云滴蒸发，云会消散，云凝结核又回到空气里继续扩散。当它们进入潮湿空气时会进一步冷凝。最后，云滴变成雨点（或是雪片或冰雹）降落在地面，这个过程叫做雨洗。

下降的雨滴与其他烟柱颗粒碰撞时将这些颗粒卷入雨雪中降至地面，这个过程叫做冲洗。

沉降、雨洗和冲洗是高效、快速清洁空气的过程。大的颗粒很少能在空中停留1个小时，而较小较轻的烟尘颗粒也只能在空中停留不足1天。

沉降和雨洗都不能清降空气中的气体颗粒，但冲洗可以。可溶性气体能溶于雨滴，不可溶性气体则通过反应转化为可溶性化合物。该反应是借助空气中有助于反应的非反应分子完成的。反应过程中非反应分子性质保持不变。大多数的反应都涉及自由基，其中最重要的是羟基（OH^-）。羟基是离子，因为氢原子上的正电荷不够用来中和所有氧原子上的负电荷，所以羟基带一个负电荷。

羟基离子主要通过波长小于315纳米的紫外线（UV）的作用生成。紫外线将臭氧（O_3）分子分裂成氧分子（O_2）和氧原子（O），氧原子与水（H_2O）结合生成羟基：$O+H_2O \rightarrow 2OH$。波长更长的太阳光还可生成过氯化氢（H_2O_2）和过氧化氢（HO_2）基。

因为带有电荷，所以所有自由基的反应性都很强。例如羟基与一氧化碳（CO）反应生成二氧化碳与过氧化氢，$CO+OH→CO_2+H$；$H+O_2+M→HO_2+M$（M是非反应性的分子）。羟基还能将二氧化硫（SO_2）转化为硫酸（H_2SO_4），将二氧化氮转化为硝酸（HNO_3）。这两种酸都是可溶性的，会被降水迅速带至地面。由于这两种酸是由释放到空气中的最初污染物质——初级污染物——反应生成的，所以它们被称为二级污染物。它们会导致酸雨的形成。

　　净化的有效性用净化比率来衡量，它是用雨水中污染物的浓度除以空气的浓度后得出的。比率值越高，净化的有效性越强。气体存留于空气中的时间比固体或液体颗粒长。二氧化硫分子可以在空气中存留10天以上，但甲烷分子存留在空气中的时间平均为11年。最后，甲烷与羟基反应被氧化成二氧化碳和水。

空气中的酸

酸雨和曼彻斯特的空气

曼彻斯特是英国东北部的一个工业重地，它是在一个叫做曼楚尼的定居点基础上发展起来的。该地名来自于拉丁语，古罗马人来到这里时就称其为曼楚尼，直到现在当地居民还自豪地称自己为曼楚尼亚人。

曼彻斯特是工业革命的发源地之一。随着18世纪蒸汽动力的发现和应用，为了将煤炭运到曼彻斯特为蒸汽机提供能量，英国的第一条运河于1761年开通。1785年织布机被发明，同年第一个用蒸汽作动力的棉纺厂在英国诺丁汉郡的帕普尔维克建立，但仅仅几年后曼彻斯特就拥有了同样的纺织厂。只用了一代人的时间，依靠纺织业所带来的繁华，曼彻斯特从一个小集镇发展成为重要的工业城市。1853年，曼彻斯特正式建市。自1893年以来其市长一直被尊称为市长阁下。1750年时曼彻斯特的人口为1.7万，到1800年上升到7.04万，1835年达到30万人。现在曼彻斯特的人口约为258万。

在这座蓬勃发展的城市里工厂如雨后春笋般涌现。因为整个工业生产所需要的能量都是通过煤炭燃烧产生的蒸汽提供，所以每个工厂的烟囱都倾泻出烟、蒸汽、废烟、纺织纤维和灰尘等物。条件恶劣、朝不保夕的农村生活使大量人口涌入城市到工厂做工。为了有一份固定收入，他们住在条件令人难以想象的贫民窟里，工厂主和经理们则住在近郊。

卡尔·马克思（1818—1883）的朋友恩格斯（1820—1895）曾在1840年访问过曼彻斯特并在《英国工人阶级的状况》（1844年出版）一书中描述了当时的情景。关于工人们的生活，他写道："在曼彻斯特有许多隐秘的小胡同，他们在主要街道的两侧延伸，连接无数的院子，一直到达艾尔克河的两岸。这里的房子绝对是我平生见到的最恐怖的。……第一个院子的情况简直糟透了，甚至和在霍乱期间卫生警察命令人们撤离、清扫并用漂白粉消毒的院子差不多。大桥下满眼都是成堆的垃圾，这是从陡峭的左岸倾泻下来的废料、污物和工业下脚料。房子一个挨着一个，只露出一点点的屋角。到处都弥漫着烟熏，给人一种特别阴暗的印象；门窗破败不堪，像是马上要崩塌。这些房子的后面就是军营一样一排排的工厂建筑物。"

19世纪的曼彻斯特不是个干净的城市，但这并不是说市政当局对此熟视无睹。19世纪中期，政府改变其管理程序以应对各种污染并建立了专门机构检测工业对环境的影响。

当然，曼彻斯特的情况并非绝无仅有。到1870年，有5万多台燃煤蒸汽机支撑着英国的工业。威尔士的一个钢铁加工厂每年消耗

28万吨的煤,而另一家工厂有63台独立的蒸汽机支撑工厂的各项运转。所有这些工厂排放的烟尘数量是惊人的,而这还不包括燃煤机车、家庭燃煤取暖以及做饭所排放的烟尘。

社会进步及酸雨的发现

工业化的迅速发展虽然造成了大量污染,但它同时也产生了另一种影响。工业化以新的技术为基础而技术的发展又同样推动了科学的进步。科学家们试图解释科技发展的各种原理以及支配世界运行的各种自然规律,为此人们希望通过教育来获得知识,实现自我提高,于是出现了公共图书馆和工人夜校。科学家定期为渴求知识的人举办讲座。他们中有些人甚至为此获得明星般的欢迎。但是不管能否成为明星般的人物,他们坚信科学家的责任就是与公众共同分享他的发现(那个时候女科学家很少)。在那个时代,人们坚信社会进步的基础是科学发现为社会民众服务。

作为遍及欧洲及北美的自发运动的一部分——尤其是在英国的工业城市——忠于这一信念的人们组成了致力于研究和讨论最新观点的各种团体。每个人还亲自做实验、搞观察,并且大多数组织都有自己的期刊。成员们在定期举行的会议上提交论文以便日后在期刊上发表。他们也欢迎一些访问学者与缺乏正规教育但却有强烈学习愿望的人共同分享他们的知识。

曼彻斯特也有这样的团体。不过我们今天所说的科学在当时被称为哲学或自然哲学。1852年,英国化学家罗伯特·安格斯·史密斯(1817—1884,以下简称R·A·史密斯)做的一次演讲后来发表在《曼彻斯特文学与哲学协会会议论文集》上。文章的题目是"论曼彻斯特的空气和雨"，他提到处于曼彻斯特下风向地区的雨比其他地方的雨酸性大，并且离城市越远，酸性越小。这是有关酸雨的最早的参考文献。

制碱业检查团

根据1863年《制碱业管理法》的规定，英国政府组建了一个制碱业检查团，主要是监督和控制来自"制碱业和其他工厂"的污染。R·A·史密斯被任命为第一任检察官。为使环境污染得到控制，史密斯作了许多艰苦的工作。1872年，史密斯出版了《空气和雨：化学气候学的开端》（伦敦朗文出版社出版）一书。空气污染问题引起更广泛的关注。

史密斯还被称为"碱检察官"，因为那个时候最严重的污染源是生产苏打（碳酸钠，Na_2CO_3）的碱工业。苏打是当时主要的工业产品，除有一部分作为家庭使用外，大部分都用于生产玻璃、肥皂、染料和纸张。

在19世纪末期，苏打由勒布朗法制成。这是由法国化学家尼古拉斯·勒布朗（1742—1806）在1790年发明的。它以一般食盐（$NaCl$）和硫酸（H_2SO_4）作为原材料。食盐溶于酸后发生反应，$2NaCl+H_2SO_4 \rightarrow Na_2SO_4+2HCl$。然后硫酸钠（$Na_2SO_4$）与碾碎的煤、白垩或石灰石（碳酸钙，$CaCO_3$）一起加热烘干产生碳酸钠和硫化钙：$Na_2SO_4+CaCO_3+2C \rightarrow Na_2CO_3+CaS+2CO_2$，之后再加入水溶解碳酸钠，再经过加热后结晶。

勒布朗法产生的固体废物里含有硫化钙（CaS）和石灰。这些是碱性极强的泥状混合物，它们被倾倒在大面积的开阔土地上后毒害了所有的动植物。如果这片土地恰好与河流邻近,那么河里的一切生物也将受到毒害。被污染了的土地许多年都会寸草不生。生产过程产生的另一种废物是盐酸(HCl),它以气体的形式被大量地从工厂烟囱排走。

盐酸是导致曼彻斯特下风向的雨变酸的主要原因。R·A·史密斯为了减少释放到空气中的盐酸想出了一个权宜之策。他向工厂主解释说盐酸有工业用途,可以回收后再出售以获取利润。工厂主们要做的只是让盐酸在水中起泡,这样酸就溶解于水了。

1919年,勒布朗法被比利时化学家欧内斯特·索尔维(1838—1922)发明的更加有效的方法所取代。索尔维法也叫氨水苏打法。该方法首先加热碳酸钙以排除二氧化碳,留下氧化钙(碳),$CaCO_3 \rightarrow CaO + CO_2$。二氧化碳在塔内上升时又被滴入溶解于盐水的氨水溶液,生成氯化铵和碳酸氢钠,$NH_3 + CO_2 + NaCl + H_2O \rightarrow NaHCO_3 + NH_4Cl$。不能溶解的碳酸氢钠被过滤后再经加热排除二氧化碳,剩下的就是碳酸钠。氧化钙与氯化铵结合重新生成氨水。生产过程中产生的唯一的副产品是氯化钙($CaCl_2$)。它可以被用来消除路面冰雪,也可作制冷设备中的防冻剂或用来混合水泥。然而,没有任何一种工业方法能完全有效地将全部原材料用光,索尔维法也产生碱性废物。虽然与勒布朗法相比,索尔维法能产生较少的污染,但这主要是因为现在人们对废物处理更加谨慎了。

酸雨的监控

史密斯提出酸雨是污染物质后,位于伦敦北部赫特福德郡的英国洛桑实验站的科学家们在1853年对英国南部降雨的酸性进行了监控,但这一做法直到20世纪50年代才扩展到整个西欧。美国最早就二氧化硫对植物的有害影响进行科学研究是在1938年。1944年,美国新泽西州路特格斯大学的科学家们第一次就空气污染对植物的损害进行了研究。他们在德拉瓦尔河沿岸发现了两个受污染的地区。

酸雨引起的污染远比这些报道和研究出现的更早。1896年,特雷尔冶炼厂在加拿大的不列颠哥伦比亚省建成,它距离美国边界11英里(18公里)。该厂释放的二氧化硫逐年递增,到1930年几乎达到每月1万英吨(9 080吨)。二氧化硫沿河谷而下,对树木造成的污染在下风向50多英里(80公里)的地方都清晰可见。

在美国蒙大拿州鹿栈市的阿纳肯达地区周围,酸雨造成的损害也十分严重。为了从布特铜矿的矿石中炼取铜,1884年人们在此修建了一个冶炼厂。它很快就成为世界上最大的炼铜厂。为了向那些工人们提供膳食,阿纳肯达镇应运而生。这个炼铜厂建在一个35英里(56公里)长的峡谷南端,海拔为6 600英尺(2 013米)的山上,有效烟囱高度(参见"烟囱与烟柱")是7 200英尺(2 196米)。从烟囱里排出的二氧化硫使19英里(30公里)以外的树木都受到损害。该工厂最终于1980年关闭时厂区周围已被严重污染。现在这里成为美国环保署(EPA)的超级资金资助地,用以恢复当地生态环境。

酸雨对石造物的损害

事实上,根本就没有必要通过具体的植物研究来揭示酸雨的影响,在任何一个大的工业城市里我们都能见到许多这样的证据。城市里的建筑物通常由石灰石或砂岩建成。人们历来就有为杰出市民塑像的传统，这些塑像也是由石灰石和砂岩雕刻而成的。石灰石的主要成分是碳酸钙，砂岩由混有黏土或泥土的沙砾组成并通过矿物黏合剂将其混合在一起。常用的黏合剂也是碳酸钙。碳酸钙与空气中的酸反应，其结果显而易见，所以由石灰石和砂岩建成的建筑物和雕像受酸雨侵蚀，受损严重，甚至残缺不全。

碳酸钙与盐酸反应生成氯化钙和二氧化碳，$CaCO_3+2HCl \rightarrow CaCl+CO_2+H_2O$。事实上，这种反应也是地质学家们快速简单识别石灰岩的方法。在岩石上滴几滴稀释的盐酸，如果有嘶嘶声就证明岩石是石灰岩——发出嘶嘶声是因为有二氧化碳气体生成。氯化钙也是可溶性物质，能够溶于水，因此受雨水侵蚀冲刷的影响，没多久石头表面就会凹陷，雕像上精致的细节也开始消失。酸雨对砂岩的侵害更加严重。作为黏合剂的碳酸钙被酸腐蚀后，沙砾变得疏松，石块开始粉碎。

盐酸只是造成损害的第一步，硫酸产生的另一种损害很快就超过了盐酸。硫酸也与石灰石反应：$H_2SO_4+CaCO_3 \rightarrow CaSO_4+CO_2+H_2O$。它也像盐酸一样使石灰石冒泡，发出嘶嘶声，但反应很快就结束。反应中水没有流失而是与硫酸钙反应生成石膏（$CaSO_4 \cdot 2H_2O$）。石膏不溶于水而是变成涂盖层，所以石头表面不太光滑，尤其是在风吹日晒后，短时间内石头就会出现细小的裂缝、凹陷和破口，石膏在岩石内部生成。随着石膏的结晶，岩石膨胀，裂缝变宽，导致小块岩石剥落，露出新的岩面。岩石就这样一点点受到侵蚀。

其实酸雨对石造物的损害早在工业革命之前就开始了。在工厂出现之前，所有的生产过程都是在小作坊中完成的。几百年来，煤燃烧释放出的酸性物质一直在损坏建筑物,腐蚀雕像。只不过这种损害在19世纪时突然加快。生活在维多利亚时代的人们非常喜欢雕像,因此他们也一定注意到这些雕像很快就会被煤烟弄脏,变得黑乎乎的,并且被空气中的某种物质腐蚀着。只不过当时人们还不知道这种物质是什么。

引起下风向地区污染的原因是工厂排放出的盐酸,这是初级污染物质(参见"烟囱与烟柱")。史密斯很容易对它进行识别并找出其根源。而20世纪60年代再次出现的酸雨污染就较为复杂了,因为污染是由二级污染物质导致的。它们能传播到很远的地方,而且很难找到其污染源。更糟糕的是,它们只是污染环境的部分原因。

酸雨、雪、轻雾和干沉降

二氧化碳是空气的天然组成成分,几乎遍布大气底层,其浓度大约为0.036 5%。它溶于水形成碳酸:$CO_2+H_2O \rightarrow H_2CO_3$。因为二氧化碳也与云中的水分发生反应,所以云都呈微酸性。这就意味着从空中降落的冰雹、雪和雨也都是酸性的,雾、露珠和霜也不例外,也就是说所有的降水都为酸性。雨水呈酸性是一种自然现象,所以"酸雨"是个多少使人误解的术语。酸雨的真正含义是比"天然的或未被污染的雨酸性更强"的雨。

即使这样的定义也难以令人满意,因为降水的酸性存在差异。例如火山喷发释放的二氧化硫(SO_2)与水反应生成硫酸(H_2SO_4),闪电的能量使氮氧化,氧化物溶解后生成硝酸(HNO_3)。火山喷发只在特定的时间和地点发生,闪电也只在局部降雨地区出现,因此自然界形成的二氧化碳和氮氧化物存在时间和地区差别,雨的酸性也因此而不同,pH值大约从pH4.8到pH5.6不等。被污染了的雨的pH值小于4.8。不过人们习惯上认为酸性小于pH5.0的雨就已经被污染了。

什么是酸

科学家们用pH标度来衡量酸度,它是由丹麦化学家索伦森(1868—1939)在1909年发明的。酸是一种含有氢的化合物(如HX,X是任何一种元素或元素组合),并且它能在水中分解释放氢离子($HX \longleftrightarrow H^+ + X$)。双向箭头代表反应是可逆的,所以H和X不断地分解又重新结合。pH标度用来检测水溶液中氢离子的浓度,"pH"代表"氢离子浓度指数"。

水之所以非常重要是因为水的特性之一是在液体状态下它既可以是酸也可以是碱(与酸对应)。当浓度很小时,大约为千万分之一时水分子发生分解:$H_2O + H_2O \rightarrow H_3O^+ + OH^-$。$H_3O^+$是水合氢离子,$OH^-$是羟基。在温度为77℉(25℃)时,每升纯水分别含10^{-7}摩尔的水合氢离子和羟基。因为两者浓度相同(而且一定相同,因为它们是由水分子分解得到的),电荷抵消,水不带净电荷,所以77℉(25℃)的纯水是中性的,它是检验水溶液pH值的标准。但这种检验结果差别很大,为了更加简化,索伦森用可以产生正值的负对数来测量。因为两种离子在水中的浓度都是每升10^{-7}摩尔,所以记做$-\log_{10}(10^{-7})$。这样计算结果为$-\log_{10}(10^{-7}) = -(-7) = 7$,中性的水的pH值是7.0,所以pH7.0表示水溶液为中性。

如果溶液是酸性,那么其中氢离子的浓度较高。由于pH标度是在负对数的基础上计算,所以它的pH值将小于7.0。如果溶液为碱性,那么其中含有的氢离子浓度较低,它的pH值就大于7.0。由于这个标度是以10为底的对数,所以pH值每变换一个整数值就表示酸性变化10倍。pH值为3.0的溶液比pH值为4.0的溶液酸性强10倍。

橘子的pH值是3.5,柠檬为pH2.0,血液是pH7.5,海水pH9.0,烤箱清洁剂的pH值是13.5。酸性很强的物质,如盐酸(HCl)、硫酸(H_2SO_4)和硝酸(HNO_3)在溶液中完全电离。根据稀释的程度,这些酸的浓度值为1或更低,而当其浓缩的时候,pH值甚至可能是负数(小于0)。最高的pH值为14.0。氢氧化钠,也叫苛性钠的pH值是14.0。被酸化了的云的平均pH值是3.5,但美国酸性最强的一次降雨的pH值达到4.3。

空气里的酸

因为治理盐酸污染的方法很简单,所以盐酸早已不再污染环境。现在最大的威胁来自于二氧化硫(SO_2)和氮氧化物(NOx)。二氧化硫主要是由于燃烧了含有硫杂质的煤而产生的(石油也占很小的一部分)。只要有高温就有氧化亚氮(NO)和二氧化氮(NO_2)生成,比如一些工业熔炉,但最主要的还是来自于高压汽油发动机。生产氮肥的过程也会产生二氧化氮。在中国的部分地区,能产生氮氧化合物的汽车很少,但是却有大量含硫高的煤在燃烧,因此这些地区的雨水中的硫含量是美国纽约市的6倍,但氮含量却很低。

有两组反应可以将二氧化硫(SO_2)转换成硫酸(H_2SO_4)。一组是在所有成分都是气体时发生,另一组则是在液态水滴中发生。气体反应的顺序如下:

$$SO_2+OH \rightarrow HOSO_2$$

$$HOSO_2+O_2 \rightarrow HO_2+SO_3$$

$$SO_3+H_2O \rightarrow H_2SO_4$$

液体水滴中的反应比较复杂,因为有好几个可遵循的途径。二氧化硫可以被直接氧化,或者在加入金属催化剂后氧化,或是被溶解的氮氧化物氧化,或是由臭氧(O_3)、过氧化氢(H_2O_2)和其他的过氧化物氧化。

氧化亚氮为不溶性气体,但它能与臭氧迅速反应生成二氧化氮。二氧化氮与羟基反应生成硝酸(HNO_3)。

$$NO+O_3 \rightarrow NO_2+O_2$$

$$NO_2+OH \rightarrow HNO_3$$

夜晚发生的化学反应与白天不同,其中包括二氧化氮与臭氧反应生成三氧化氮($NO_2+O_3 \rightarrow NO_3+O_2$),还有从有机分子(RH)中提取氢原子($NO_3+RH \rightarrow HNO_3+R$)的反应,以及三氧化氮与二氧化氮之间的反应,这个反应生成可以溶解于水的五氧化二氮(N_2O_5),五氧化二氮溶于水后形成硝酸($N_2O_5+H_2O \rightarrow 2HNO_3$)。这些反应只在夜间完成,因为三氧化氮和五氧化二氮在阳光下会立刻分解。

雨、气、雾和雪

"酸雨"是一个容易使人误解的术语因为所有雨都略带酸性,并且对植物的最显而易见的酸损害也不是由酸雨造成的。工厂、发电厂和汽车都释放出一系列的气体和微粒。这些气体被氧化为硫酸和硝酸,它们在未被溶解时会与固体相撞并依附在其表面,这个过程叫做干沉降。溶解后的酸通过三种湿沉降方式到达地表:轻雾或雾、雪和雨。图28是对这一过程简单示意。

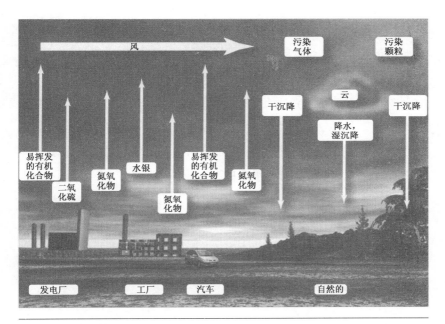

图28 污染物质的传播

对于气候干燥的地区以及干燥的天气而言，干沉降尤为重要。以美国洛杉矶地区为例，通过干沉降方式从空气中除去的硝酸比通过降水方式除去的硝酸多12倍。酸沉降在叶子上时会被叶子细胞通过气孔吸收。

轻雾与雾的区别是它们蕴含的水滴的密度不同（参见"前言"）。形成于地面附近的层云是雾，而形成于高空的雾则通常被称为云，它们有时会覆盖整个山坡，山也因此被掩映在云雾之中，所以山坡上比山谷中更容易多雾。

当你在雾中穿行时你的全身都会被雾气打湿，所以有人说雾比雨"湿"。这种说法是有道理的。当小水滴太沉不能停留在空中时就会形成降雨,雨水主要落在暴露于外的物体表面。如果雨水是垂直而下的,那么没有暴露在外的部分就会保持干燥;在风的作用下,雨有时是斜着下的,此时能避风的地方也可以挡雨。雾则不同。雾中蕴含的水滴非常小,因此可以停留在空中,并且从上到下将物体团团围住。如图29所示,站在雨中的这个人的头、肩膀和上臂都被雨水淋湿了而下半身是干的;他的兄弟虽然站在雾中,但由于身体没有任何遮挡,所以全身湿乎乎的。

如果水被酸化的话,由于雾比雨湿,所以雾会比雨还要酸。酸雾的平均pH值是3.4。由于上下班高峰期时汽车释放出大量的氮

图29 为什么说雾比雨湿

下雨时,雨水只落在物体表面的上半部分;下雾时,雾气将物体全部包围起来。

氧化物,所以有时洛杉矶的雾的pH值会降到2.2;山上的雾比落在平地的雨的酸性高10倍,是未被污染的雨的酸性的100倍。这是因为若干小水滴的表面积总和比单个大水滴的表面积大得多。同样都是体积为20的两个球形水滴(单位并不重要),其中一个只含有一个大水滴而另一个则是由五个小水滴组成。单个大水滴的表面积是35.47,而每个小水滴的表面积是12.19,那么5个小水滴加在一起的表面积则是60.95(5×12.19),远远大于单个水滴。由于小水滴为聚集气体分子提供了更大的表面面积,而且在空气中存留的时间也更长,所以污染物质也就有更多的机会溶于其中。另外,空气中的酸性颗粒也可以充当云凝结核,由于5个小水滴就含5个核,而单个大水滴只含有1个核,所以酸雾的酸度高于酸雨,同时由于酸雾能更加有效地覆盖在植物和其他物体的表面,因此酸雾比酸雨的危害更大。

冬天的降水经常会以降雪的形式出现,因此雪也能被酸化。在春天来临之前,这些雪一直存留在地表。它们融化后会流入河流和湖泊,导致水体酸度突然升高,这对鱼卵和鱼苗极为有害。

相比之下,酸雨对植物的危害要小些,只会导致树叶和树皮脱落。但由于酸雨到达地表时改变了土壤的化学性质,所以尽管对植物的直接损害少一些,但其间接伤害都不容忽视。

土壤、森林和湖泊的酸化

20世纪60年代末期,瑞典科学家们注意到用石灰石和砂岩建成的建筑物及纪念碑的酸性损害在加剧,此后他们又报道了瑞典南部湖泊的受损情况。随着pH值的下降,尽管水变得越来越清,但鱼的数量却在逐年减少。如图30所示,到1970年,瑞典南部和挪威地区的降水的pH值低于5.0,这一数值被认为是未受污染的降水的pH值的极限,很明显斯堪的纳维亚半岛受到了污染,但这些地区并不是重工业区,所以污染应该是来自其他地方。后来气象学家们在对盛行风进行绘图标示时发现罪魁祸首很有可能是英国、德国、波兰

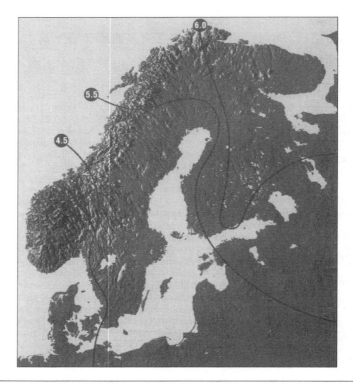

图30 斯堪的纳维亚半岛上的酸雨情况
该图显示了1970年斯堪的纳维亚半岛降水的平均pH值。

和俄罗斯。

　　几乎是与此同时,在北美洲东部尤其是在加拿大东部,人们也发现了类似的问题。到1980年,酸性降水已经影响了位于大湖区东部的大部分北美大陆。它的污染源来自美国中西部的燃煤发电厂和工厂。

　　20世纪70年代后期,人们的注意力转移到了酸雨对森林的影响上来。据报道当时德国针叶林受到了严重破坏,环境学家们还专

图31　北美地区的酸雨
阴影部分是1980年降水平均pH值小于或等于5.0的地区。

门为此造了一个新的德语单词 neuartige waldsterben（"森林灭亡的新形式"）。他们想借此提醒人们：大面积的森林正面临威胁——有人提出该数值可能为10%。中欧其他地区的森林也同样受到危害，英国的一些森林也未能幸免。

烟囱高度

很明显，污染物会传播很远，所以人们曾一度放弃用简单地转移来减少污染的做法，但其结果并不理想。

正如1个世纪以前R·A·史密斯发现的那样，大多数的污染都发生在污染源附近。随着距离加大，污染程度逐渐减弱。二氧化硫的浓度在低于每立方英尺0.025盎司（25 μgm^{-3}）时，几乎不会产生危害。工厂排放出的烟柱渐渐远离烟囱后，其稀释程度会逐渐加快。人们还发现，在空气中存留一段时间后有毒的二氧化硫气体被氧化成了硫酸盐，毒性大大降低，并最终转化为硫酸。硫酸虽然是毒性物质，但因为已经被高度稀释，所以不会带来危害。

这表明最有效地降低污染的途径是稀释污染物。于是为了加速气体的流动，人们对烟囱的设计也作了相应改动，有效烟囱高度（参见"烟囱与烟流"）加大，许多烟囱高达650英尺（200米）。世界上最高的烟囱位于加拿大安大略省萨德伯里市的一家镍厂，高达1 250英尺（381米）。这种做法使烟气在高出烟囱一定距离的空中迅速与空气混合，从而使地面空气的污染程度大大降低了。

但很快人们就发现情况比工程师们原来预计的要复杂得多。有些地方因大气状况等原因有时会出现烟熏，烟柱流回到地面，造成更严重的污染。在其他一些地方，烟气未能与空气混合，结果大气中的污染物质弥散了很久才落回地面。人们曾经在美国佛罗里达州探测到了来自萨德伯里镍厂的气体,而这两地之间却相距1 250多英里(2 000公里)。最终人们发现单纯改变烟囱高度对于100英里(160公里)以外的地区来说几乎没有什么影响,那里的污染物浓度仍然很高。这是因为由工厂烟囱排放的污染只占全部污染的一小部分,它们只在当地引起严重的污染。在离排放地较远的地区,这些烟气与来自成百上千个其他污染源的污染物混合。

总之,尽管污染物被稀释后浓度变淡,但它们仍然长时间停留在大气当中造成污染。人们还发现,尽管大气中的硫酸浓度会被雨水稀释,但雾里的硫酸浓度常常很高,尤其在发生干沉降时,硫酸还会积存在土壤里。

必须要找到新的解决方法才行,而减少污染物排放就是一种切实可行的做法。现在包括美国、加拿大以及欧盟在内的许多国家的工厂和发电厂已不再大量排放二氧化硫。在1980年至2000年期间,美国因矿物质燃烧释放出的二氧化硫总量由2 640万吨降低到1 650万吨,预计到2010年下降到1 540万吨。这期间欧洲国家排放的二氧化硫总量也由1980年的6 500万吨下降到2000年的2 860万吨,预计到2010年减至2 000万吨。但是另一方面,亚洲国家的二氧化硫排放量却在增加,预计到2010年时会从1980年的1 650万吨上升到8 700万吨。其实当酸雨成为人们关注的问题时,全世界硫的排放量已经有所下降,但是氮氧化物的排放却继续呈上升趋势。尽管美国和欧盟的排放增长率自1970年起就有明显减少,但就全球范围而言,由于农用化肥的使用越来越多,因此氮氧化合物的排放始终在增加。

对植物的损害

污染只是环境变化的原因之一，森林面积有时能自然地减少和恢复。在过去的200年里，欧洲不同地区的森林面积有过5次较大规模的减少。20世纪时这种情况在北美地区出现过13次，其中只有6次与空气污染有关。但毫无疑问，有些森林面积的减少的确与硫、氮排放物导致的污染有关。

适量的硫用作肥料能够促进植物生长，但二氧化硫过量使用的话则对环境有害。曾经有一段时间，在纵贯英格兰北部的奔宁山山区，树木根本无法生长，其原因就在于山脉东西两侧的工业区所产生的污染。

欧洲中部地区的植被也受到同样的损害，尤其是像云杉和松树这样的针叶类树木受损更大。二氧化硫对此负有不可推卸的责任。许多苔藓类植物最经不起二氧化硫的摧残，并且不同种类的苔藓植物受到的损害也不一样。于是人们利用各种不同苔藓的分布绘制出了二氧化硫的污染图。在树木受损害的地区，如果受影响的苔藓类植物已经踪迹难觅，那么这里的二氧化硫浓度一定很高。当然这种方法也并非屡试不爽。在德国和斯堪的纳维亚半岛等地，尽管树木已经受到了危害，但这里的苔藓植物依然还在，这说明危害树木的不是二氧化硫而是另有其"人"。

经过进一步的调查后人们发现，这样的地区往往是受到了氮的污染，其中一部分是来自汽车尾气中的氮氧化物，其他的则是氨水。氨水很可能来自牲畜的尿液。氨水蒸发后溶解于雨，然后又以氨水和铵的化合物形式返回地面。臭氧也可能对树木造成了一定的危害,但人们对此还难以确定。

当然,氮是种肥料,当氮以硝酸、氨水或铵的形式进入土壤时可以促进植物生长,这对植物是有益的。但有些森林生长在土地贫瘠的地区,此时过多的氮会危害树木。同时贫瘠土壤里的其他矿物营养也十分缺乏。氮的加入固然能够促进树木生长,但很快树木养分就变得匮乏。最重要的是它妨碍了树木过冬的准备过程,使树木对付寒冷和抗旱的能力下降。(冬季时水结冰,植物根部因不能再吸收水分而变干。)当然受到危害的不只是树木,草和小麦如果在空气污染时吸收了大量的氮也会受到寒冷和干旱的困扰。

气孔使二氧化碳进入植物体内进行光合作用并由此释放出氧气,臭氧也能够通过气孔进入植物叶子细胞。一旦臭氧进入叶子细胞就会破坏包裹叶绿体的膜,从而降低光合作用的速度,因为光合作用是在叶绿体中进行的。人们在实验室里已经证明臭氧进入植物体后能对植物造成损害,但在森林中的情况究竟如何目前还难以确定。

酸性土壤

人们很自然地认为酸性降水落在植物表面并流经叶子和茎后会对它们产生直接的损害。事实上,最严重的损害是在地下。被酸化的水流经土壤时会改变土壤的化学成分,这才是导致危害产生的重要原因。

有机物质在酸性土壤中的分解速度比在中性土壤中慢。分解的机理是将有利于植物生长的养分释放到蕴含在土壤里的水分中,以便被植物根部吸收。泥炭沼泽酸性很强,故有机质聚积较多,极大地限制了营养物质的转化和有机物质的分解。分解速度的减慢会使植物缺乏养分，不利于植物的生长和健康。土壤酸性的增加还会带来其他一些影响。

镁和钙是基本的植物养分，和其他矿物质一样，它们均是化学风化作用的产物。风化作用使岩石中的各种矿物质进入土壤，为土壤提供养分。黏土颗粒和分解了的有机物质颗粒带有负电荷，镁离子和钙离子带有正电荷，由于正负电荷相吸，它们在这些颗粒表面的交换点上相结合。

酸溶于水时会分解，所以硫酸（H_2SO_4）可以写成$H^++H^++SO_4^-$，硝酸（HNO_3）可以写成$H^++NO_3^-$。带有正电荷的离子是阳离子。氢的阳离子与镁离子和钙离子竞争来夺取土壤颗粒表面的交换点。如果氢的阳离子数量众多的话，它们将取代带正电的镁离子和钙离子以及其他阳离子。这一过程被称为质量作用。

由沉积岩形成的土壤富含镁和钙，因为最普通的沉积岩是由钙和镁的碳酸盐组成的。这些碳酸盐来自于堆积在古代海洋底部的有机物的壳体残骸。土壤中丰富的钙和镁的阳离子使氢离子很难在竞争中取胜，对土壤有保护作用，抑制土壤酸化。这种能够抑制酸化作用的保护叫做缓冲或酸中和作用。缓冲好的土壤不易受到酸性降水的影响而缓冲差的土壤则比较容易受到酸性降雨的破坏，比如由花岗岩衍变的土壤缓冲力就很差。花岗岩也叫做火成岩，是地下熔岩随火山喷发到达地表后形成的。

质量作用也能释放铝的阳离子。土壤中的铝是非常丰富的，但是它非常容易与其他物质发生反应，所以从来不会以纯铝的形式存在。尽管如此，还是有些铝的阳离子会附着在交换点上。当土壤的

pH值低于5.5时，如果氢的阳离子过多的话，一些铝离子将被移去。此时铝离子与土壤中的水结合，通常是1个铝离子周围包围着6个水分子。当pH值低于5.0时，其中的一个水分子分解成OH^-和H^+，H^+会脱离这个组合，这样就变成了1个铝离子被5个水分子和1个羟基（OH^-）包围的组合，此时土壤呈酸性。

自由铝离子还以与镁和钙相同的方式被植物根毛吸收并取代镁和钙，这就妨碍了植物对镁和钙的进一步吸收，导致植物内部养分不均衡。同时铝还可以影响植物内部的水的运动，从而降低植物的抗旱能力。

酸性湖泊

酸性降水降低了土壤中水的pH值，土壤中酸化了的水流入河流，最终汇入湖泊。湖泊里的水就像土壤里的水一样可以用缓冲来抑制酸化。水中的重碳酸盐离子能够中和酸，即$H^++HCO_3\rightarrow H_2O+CO_2$。该反应延缓了酸性物质对水体的有害影响，使水的pH值保持在6.0以上。但如果强酸性物质不断进入湖泊，湖泊中重碳酸盐的消耗量大于补充量，重碳酸盐储备被消耗到一定水平后，水体的pH值将大幅度波动。如果酸化继续，pH值最终会稳定在5.0以下。金属离子，尤其是铝离子开始堆积，湖泊变为酸性湖泊。

酸性湖泊产生的第一个影响是尽管浮游植物等单细胞生物在水中的总量不变，但物种类别却会减少，同时无脊椎动物的数量也会下降。瑞典的一个研究发现水的pH值为7.0时含17种无脊椎动物，pH值为6.0时有大约15种，pH值为5.0时只剩下3种，pH值为4.5时为零。

鱼类也受到了影响。挪威的渔业检查员早在20世纪初就首次报道了酸化对鱼的损害。受湖泊酸化的影响，褐鳟不再洄游迁徙。20世纪20年代时，位于挪威山区的湖泊里的褐鳟数量开始下降；1940年，斯堪的纳维亚半岛的湖泊中有8%已没有褐鳟；1960年，这一数字达到18%，1975年时达到50%。到了20世纪70年代，挪威南部和瑞典的许多湖里根本就没有鱼，同时在斯堪的纳维亚半岛南部的河流里，大马哈鱼的数量也开始骤减。

　　鱼群数量的减少很可能是缘于食物供给的减少——大马哈鱼和褐鳟以无脊椎动物为食——但这只是问题的一部分，它们也可能发生了铝中毒。

　　鱼是通过鳃来呼吸的。鳃由大面积可渗入氧气和二氧化碳的膜构成。同样钠离子和氯离子也可以通过这层膜进入鱼体。由于尿液使鱼体中的盐分下降，因此鱼必须靠鳃来吸收钠和氯。水中的钙离子有助于降低鱼体内钠和氯的损失，并能防止氢离子通过鳃膜进入。然而不断增加的酸性使水中钙离子的浓度下降，鱼体内的钠离子损耗太快，鱼因此容易死亡。

　　另外，鱼鳃的膜的渗透性由钙离子调控。pH值低于5.5时，钙被铝取代，鳃吸收氧气的能力下降，并且铝还可以产生黏液，使鱼鳃受堵，这样鱼就会因受到呼吸疾病的侵害而大量死亡。

　　一般来说，淡水是偏碱性的（pH6.5—9.0），如果缓冲反应导致溶解于水的二氧化碳含量不是很高的话，淡水鱼在pH6.0—6.4的水中也能存活。当pH值低于5.0时鱼类开始受到危害。尽管一些鱼类能够在pH值为4.0的水中存活，但其前提条件是水体的酸化过程是渐进性的。在pH3.5以下的水中基本没有鱼类可以存活。

问题有多严重

淡水酸化变得越来越普遍,并在欧洲许多地区和北美造成极大危害。科学家、环境保护主义者和喜爱钓鱼运动的人士对此日益担忧,这也使各国政府不得不寻求各种途径来减少酸的排放。"30%俱乐部"就是在这种情况下诞生的国家间组织,各成员国都力求以30%的速度减少硫排放量。目前该组织的做法已初见成效。如美国在1970年到1998年间虽然氮的排放量增加了17%,但是二氧化硫的排放量则减少了37%。

酸化所产生的危害是由于地表水的化学性质发生变化引起的,要想扭转这种化学变化往往需要很长一段时间,因此排放量减少对水质改善的影响不可能一下子看到。如在美国东南部和东部地区,尽管硫沉降已经减少,但水中硫的浓度依然没有下降;另外在新罕布什尔州的白山山区,河流也没有恢复原貌。不过也有好消息不断传来。美国生态协会(ESA)已发现美国东北部和中西部上游的水质正在改善,水中硫和铝的含量有所降低。虽然美国生态协会在阿迪朗达克山山区没发现水质恢复的迹象,但位于纽约州特洛伊市的伦塞利尔工理工学院的达瑞恩淡水研究所研究人员发现在他们调查的30处阿迪朗达克山山区湖泊中,几乎一半湖泊的pH值呈上升趋势,其中的18处湖泊的氮含量下降,所有的湖泊中的硫酸含量都有所降低。不过由于导致美国西部地区淡水酸化的主要元凶是氮而不是硫,所以那里的河流水质目前还没有恢复。

森林受到的损害不是非常严重。早期警报在某种程度上是因为检测损害的方法不当造成的。酸雨的第一个受害者是挪威云杉。如果云杉损失了10%的针叶,那就意味着它已遭受了危害。当时几乎1/3的树木都损失了很多针叶,所以危害范围看起来很广。护林人说许多相当健康茂盛的树木损失了10%以上的针叶。现在国际上承认的划分酸雨危害的等级就是以针叶损失的百分比为基础的(见表2)。

表2 酸雨危害的划分等级

等 级	针叶损失百分比(%)	危 害
0	小于10	无
1	11—25	轻 微
2	26—60	中 等
3	61—98	严 重
4	大于99	树木死亡

树种不同对酸雨危害的敏感性也不同。1986年联邦德国政府对本国森林用新的划分等级进行评估时发现所有受损树木中有17.3%属于2级,1.6%属于3级和4级。1999年的一项调查显示有25%的欧洲森林至少受到中等程度的损害(2级或2级以上)。这说明过去10年里森林受损程度基本没有多少变化,但挪威的森林受损情况有明显的改善。

树木受损程度不仅有树种差异也有地区差异。如美国西部地区从20世纪50年代起就开始受到臭氧的侵袭,受损树木有美国黄松、白杉、加利福尼亚黑橡树、香肖楠和糖松。阿巴拉契亚山山区的云杉和冷杉也受到损害,其中有些地区的情况在20世纪80年代迅速恶化。然而并不是所有损害都是酸雨引起的,昆虫、真菌侵蚀和干旱也能导致这种情况的发生。

一些粉尘颗粒可以充当阳离子,对云层中的水滴有酸中和作用,能降低雨水的酸性。有人担心通过减少粉尘颗粒排放来降低空气污染的做法很可能会增加由酸性降水带来的污染。从20世纪60年代起,人们在欧洲和北美的大部分地区都已检测出大气中阳离子的减少。不过假如阳离子的减少不会抵消酸性排放物减少所带来的益处的话,那么森林、湖泊和河流最终将从酸化的影响中恢复原貌。

四

臭氧和紫外线辐射

喷雾罐与臭氧层

J·C·法曼、B·G·加德纳和J·D·夏克林是为英国南极调查局工作的科学家，1985年科学杂志《自然》刊登了由他们三人合作完成的论文《臭氧的大量损失揭示了ClO_x/NO_x的季节性相互作用》。文章论述的是后来被人们称为"臭氧洞"的南极上空臭氧层的消失。

论文的发表标志着20世纪70年代早期开始的研究有了重大进展。该研究最终取得了两大标志性成果：一是1987年签订的《关于消耗臭氧层物质的蒙特利尔议定书》，它是在联合国环境规划署的支持下达成的国际性协议；另一个是1995年荷兰的保罗·克鲁特恩、美国的马里奥·莫利纳和F·罗兰因在研究臭氧层形成和破坏方面所取得的成果获诺贝尔化学奖。他们确认了氟氯烃化合物CFCS，也叫做氟利昂（参见补充信息栏：氟氯化碳和氟利昂）就是造成平流层臭氧消失的重要物质。

什么是臭氧层

臭氧是氧气的同素异形体，它的分子里含有3个氧原子而不是像普通氧气那样有2个氧原子，所以为了区分方便，人们通常把普通氧气叫做2原子氧气。臭氧是德国籍瑞士化学家科里斯丁·费里特利希·肖本（1799—1868）在1840年时发现的。臭氧有种特殊的刺激性味道——该气味源于电火花的作用——肖本用希腊文ozon命名该物质，意为"有臭味的"。1881年，英国化学家W·N·哈特利发现臭氧是大气上层的组成成分，大气上层中含有的臭氧比大气底层多。事实上，空气中90%的臭氧均位于平流层（参见补充信息栏：大气结构）。

大气中存在的某种气体浓度以陶普生单位（DU）计算，它通常被用来衡量大气中臭氧的总量。该单位是以英国气象学家G·M·B·陶普生（1889—1976）命名的，他倾注了毕生大部分时间对平流层臭氧进行研究。陶普生单位表示大气中其他气体被移开，被讨论的气体放到海平面上，依据海平面气压这种气体层所占的厚度。测量单位是毫米乘以100。

大气臭氧层的厚度大约有3毫米长（0.12英寸），所以大气中含有的臭氧总量为300 DU。臭氧主要在赤道上空的平流层中层或上层产生。空气运动将许多臭氧带到位于两极的平流层底层，所以大气中臭氧的总量从赤道地区的260 DU到两极地区的400 DU不等。极地上空6.6万英尺到9.8万英尺（20—30公里）之间的地区臭氧浓度最大，被称为"臭氧层"。

大气层从地表一直延伸到600多英里（965公里）的高空，并渐渐地与太阳大气层融合。地球大气层没有明确的上边界。由于地球引力的存在，整个大气层质量的一半都聚集在距地面3.5英里（5.5公里）的大气层里，而距地面10英里（16公里）之上的大气层里只有10%的大气。

大气层中的温度随高度增加而变化并由此将大气层分成不同的层。距地表最近的是对流层，然后是平流层、中间层、热大气层和外大气层。图32是对大气结构的简单示意。

对流层从地面开始到对流层顶结束，其高度在赤道地区平均为10英里（16公里），在中纬度地区为7英里（11公里），在极地地区为5英里（8公里）。对流层内的温度随高度增加而下降，所以空气因对流而上升，冷暖气体充分混合。所有天气现象都是在对流层中发生的。

平流层底部的空气温度不随高度增加而变化。在距地表12英里（20公里）的地方，温度随高度增加而上升。距地表超过20英里（32公里）以上时，温度增加更快。平流层的上界叫做平流层顶，距地表约29英里（47公里）。平流层顶的上方是中间层。

在中间层底层，温度依然不会随高度上升而变化。从距地表35英里（56公里）的地方开始，温度下降，直至距地表50英里（80公里）的中间层顶。

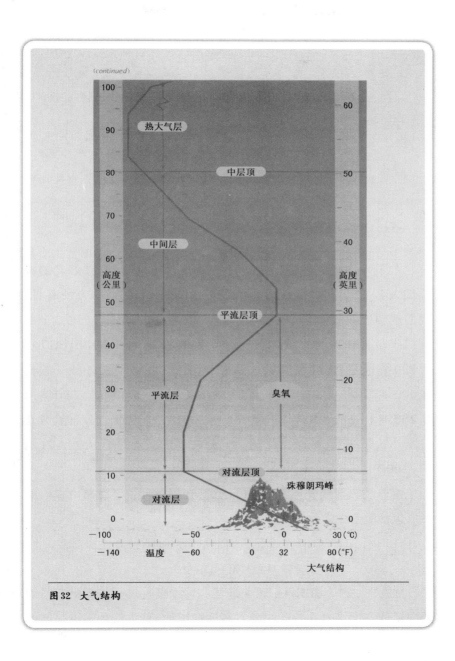

图32 大气结构

149

臭氧是如何形成和被破坏的

太阳光含有电磁辐射。紫光是波长最短的可见光（红光的波长最大）。波长略微大于紫色光的是紫外线（UV）。为方便起见，我们把辐射波长介于4—400纳米（nm）之间的紫外线分成3个部分：UV-A（315—380纳米），UV-B（280—315纳米）和UV-C（小于280纳米）。UV-B也叫做软紫外线，UV-C叫做硬紫外线。波长在400纳米到300纳米之间的UV叫做近紫外线，波长在300纳米到200纳米的是远紫外线。波长小于200纳米的是极度紫外线或真空紫外线。纳米（nm）是米的十亿分之一或毫米的千分之一（1纳米=0.000 039 4英寸）。

紫外线辐射能破坏氧原子间的键，这样就形成了臭氧。臭氧的形成包括两个化学反应：

$$O_2+UV（小于243纳米）\rightarrow O+O$$

$$O_2+O+M\rightarrow O_3+M$$

M是另一种元素分子，通常是氮。它能吸收氧分子和氧原子中的能量使它们结合在一起。随着高度的增加，紫外线的辐射强度增加,第1个反应速度加快,但第2个反应变得慢了一些,因为空气变得稀薄,氧分子和氧原子同其他分子结合机会减少。

有几种因素可以导致对臭氧的破坏。首先波长较长的紫外线可以破坏臭氧,即

$$O_3+UV→O_2+O$$

该反应也随高度增加而加速,原因依然是紫外线的辐射强度因高度增加而变强。反应速度的变化在高处偏向氧原子的生成,在低处偏向臭氧的生成。这在某种程度上弥补了臭氧的总量,但是因为在夜间和极地冬季里没有紫外线辐射,臭氧会停止生成,所以紫外线辐射对臭氧的影响维持在平衡状态。

一些臭氧还会因与单个氧原子反应而被破坏,即:

$$O_3+O→2O_2$$

但这个反应相当缓慢。在平流层底部,因为氧原子很少,所以臭氧主要与羟基(OH)和存在时间很短的过氧化氢(HO_2)反应,即:

$$O_3+OH→HO_2+O_2$$

$$HO_2+O_3→OH+2O_2$$

更多的臭氧是因与催化剂发生反应而损失掉了。催化剂是化学反应需要的物质,其性质不因化学反应而改变。

臭氧、大气结构和气候

人站在阳光下不用多久就会感觉到热,这是因为衣服和裸露在外的皮肤吸收了太阳能并将它转化为热量。大气分子也不例外。当它们吸收了一个单位——叫做光子——的太阳辐射时运动就会加

快,分子间碰撞也更加频繁剧烈。这些碰撞就是我们能感觉或测量到的温度。空气吸收太阳光后温度会升高。

除了对臭氧有生成和破坏作用的紫外线辐射外,几乎所有的太阳光都可以穿透大气层。所有的UV-C和大部分的UV-B都被大气上层吸收了,到达地面的紫外线辐射几乎完全是UV-A。大气层因吸收紫外线辐射而温度上升,所以空气温度在平流层随高度增加而升高(参见补充信息栏:大气结构)。

位于冷空气上方的暖空气像盖子一样封住了下面的冷空气。冷空气上升到这一高度时因密度大于上方的暖空气而无法继续前行,这种现象叫做逆温(参见补充信息栏:逆温)。平流层中的逆温层覆盖全球。这就是为什么平流层顶以下的大气分成两层——平流层和对流层——以及为什么天气现象都在对流层发生。如果没有臭氧在高处吸收能量的话,这些能量就会穿透大气层到达地表并被转化为热量,全球气候将会变暖。或者对流运动会将空气一直带到平流层顶,这样整个世界的气候也将完全不同。不过真要这样的话我们也不会知道,因为没有了臭氧也就没有了氧气,那么能呼吸空气的生命也将不复存在。

臭氧洞

冬季位于南北两极上空的平流层变得十分稳定,围绕空气中心吹动的风形成了极地涡旋。因为它只形成于极地夜间,所以也叫极地夜间涡旋。大约在距地表9英里(15公里)的高空,南极极地涡旋内的空气温度通常只有-109℉(-78℃),这是水蒸气在这一高度的结冰点。水蒸气在此形成薄薄的水滴云或冰晶云。在距地表15.5英里（25公里）的高度，温度大约为-121℉（-85℃），水蒸气形成小的冰晶云。这些云被叫做极地平流层云（PSCs）。由于北极极地涡旋里的空气温度高于南极，因此北极地区很难出现第2种极地平流层云。形成极地平流层云的水蒸气一半是由甲烷氧化提供的。甲烷与羟基反应生成二氧化碳与水。另一半水蒸气由穿过赤道平流层中的极小冰晶体提供。以这种方式进入平流层的水量近年来有所增加。科学家们认为这是由赤道地区的森林火灾引起的。火灾产生的灰尘颗粒在上升到一定高度后被水蒸气包裹冻结，然后穿过对流层继续上升。云滴和冰晶体内也含有硝酸（HNO_3），硝酸是在催化剂M的作用下由二氧化氮和羟基反应生成的，即：

$$NO_2+OH+M \rightarrow HNO_3+M$$

许多反应都能消除平流层中的臭氧，但最重要的反应是从极地平流层云里的冰晶体表面开始的。被释放到大气中的氯会参与这些反应，破坏臭氧。下面是这一系列化学反应的公式：

$$HCl+ClONO_2 \rightarrow HNO_3+Cl_2$$

$$ClONO_2+H_2O \rightarrow HNO_3+HOCl$$

$$HOCl+UV \rightarrow OH+Cl$$

这些反应的重要性在于这一系列中的最后一个反应，它将氯释放回空气，使得反应可以重复进行，这样一个氯原子就可以摧毁上万个臭氧分子。最后氯反应生成盐酸（HCl），盐酸溶于大的水滴，落入对流层。由于盐酸容易分解，释放出氯原子并与硝酸氯（$ClONO_2$）反应生成硝酸，所以这个反应过程很慢并且很不稳定。

盐酸和羟基反应也生成氯，即$HCl+OH \rightarrow H_2O+Cl$；氯继而与臭氧反应，即

$$2（Cl+O_3 \rightarrow ClO+O_2）$$
$$ClO+ClO+M \rightarrow Cl_2O_2+M$$
$$Cl_2O_2+UV \rightarrow Cl+ClO_2$$
$$ClO_2+M \rightarrow Cl+O_2+M$$

UV代表紫外线辐射,M指任何一个其他分子。大气中的二氧化氮将一氧化氯（ClO）转化成原来的硝酸氯（$ClONO_2$）,能阻碍这些反应,但冰晶体表面的其他反应又会消除氮氧化物,这一过程叫做脱氮过程。

极地平流层云形成于冬季极地的夜晚。此时没有生成臭氧所需的紫外线,臭氧无法生成。但是脱氮过程还在进行,还依然释放氯,于是臭氧浓度渐渐下降。但是到了春天,阳光重又照射南极,生成臭氧的反应又恢复进行。夏季——南极的11月初——极地涡旋中止,臭氧层由来自低纬度地区的臭氧填充。然而,臭氧层的恢复并不充分,所以南极洲上空平流层的臭氧总量在20世纪80到90年代间逐年减少。

南极是陆地并且比北冰洋冷得多,北极平流层冬季温度也比南极高,所以北极的极地涡旋小,而且中止的时间也较早,因此北极地区的臭氧损耗不那么明显。

氟氯化碳

参与上述化学反应的各种物质在平流层中自来就有,只是数量不定。火山爆发会向平流层中注入大量的氯,导致臭氧浓度急剧下降。太阳风加强了带电粒子流所携带的能量,能破坏原子之间的键,使臭氧数量急剧下降。不过这些影响都是十分短暂的,一旦影响结束,臭氧浓度很快就会恢复。真正的威胁来自于人类。科学家们很早就已经意识到了这一点。在用于发射卫星和太空飞行器的火箭所排放的废气中就含有氯。每次太空飞船发射时释放的氯可达75英吨(68吨),如"大力神"-4(Titan Ⅳ)无人驾驶空间推进器能释放大约35英吨(32吨)的氯。不过这些活动对臭氧的破坏只是暂时的,并且只在局部范围内产生。当这些氯被自然界各种反应消除后,臭氧浓度仍能恢复到以前的水平。

真正引起三位诺贝尔奖获得者关注的是由于越来越多的氯进入平流层,并且数量持续增加。它们对臭氧层的破坏才是持久和最严重的。这些氯来自于一种叫做氟氯化碳(CFCs)的化合物,它的商业名称是氟利昂(参见补充信息栏:氟氯化碳和氟利昂)。因其具有稳定性高和沸点低的两大特点,因此应用范围很广。低沸点使氟氯化碳非常适用于冰箱、空调以及气溶胶喷射剂等产品。由于稳定性好,所以完全无毒,可被用于生产泡沫灭火器。氟氯化碳于1930年才被人们发明,但因为制作简单成本低廉,因此生产规模和数量不断增加,从1960年的不到20万吨迅速增加到1988年的120万英吨(110万吨)以上。

氟氯化碳有时可以被直接喷射到空气当中,如在气溶胶罐和灭火剂中的应用。其他被用于泡沫塑料和冰箱中的氟氯化碳只在产品使用寿命结束或被销毁时才进入大气。有些氟氯化碳在生产过程和产品组装时也会被泄露进入大气。由于稳定性好,氟氯化碳不会与大气中的成分发生反应。用途最广的氟氯化碳,如CFC-11和CFC-12,在大气中存留的时间大约分别是45年和100年。它们穿过对流层后进入平流层。

在平流层中,受紫外线辐射影响,氟氯化碳中的分子键被打破并释放出氯,即

$$CCl_3F（Freon-11）+UV \rightarrow CF_2Cl+Cl$$

$$CCl_2F_2（Freon-12）+UV \rightarrow CClF_2+Cl$$

由于氟氯化碳释放出的氯能破坏臭氧层,因此1987年世界各国签署了《关于消耗臭氧层物质的蒙特利尔议定书》。议定书规定氟氯化碳及其他能减少平流层中臭氧的物质均应逐步停止生产和使用。尽管人们现在已不再使用氟氯化碳等物质,但因其在大气中的存留时间长,因此恢复原来平流层中臭氧的浓度以及阻止臭氧洞消失还需要很长的时间。臭氧洞是指臭氧总量小于200 DU的地区。根据《蒙特利尔议定书》2001年的年度报告,到1999年为止,全球损害臭氧物质的应用已降至20世纪80年代末期高峰时的18%。2001年南半球春季时的臭氧洞几乎与前一年冬季相差无几,面积大约是1 000万平方英里(2 600万平方公里),但其受损害程度已有所减弱。1993年是臭氧消失最快的一年,南半球臭氧总量只有88 DU,2000年恢复到98 DU,2001年则达到100 DU。

补充信息栏：氟氯化碳和氟利昂

1930年美国杜邦公司的科学家们发明了一种化合物,它的商业名称是氟利昂。化合物中含有氯、氟或溴。它是人们用氟替换廉价化合物中的氯后由烷烃(也叫石蜡)经化学反应产生的。烷烃是化学式为C_nH_{2n+2}的碳氢化合物。

由于氟和氯属于卤素元素,所以氟氯化碳也属于卤烷烃。

　　用氟替换氯的结果是如果每个原子被替换后,最终产生的化合物的沸点可以降低90℉(50℃)。四氯化碳(CCl_4)的沸点是168.8℉(70℃),而用氟替换一个氯后得到的三氯氟甲烷(CCl_3F,也就是CFC-11)的沸点只有77℉(25℃)。

　　CFC-12(CCl_2F_2)是氟利昂被停止使用前应用最广的化合物,它的沸点是-21.64℉(-29.8℃)。其他应用少一些的氟利昂化合物包括CFC-22($CHClF_2$),CFC-113(CCl_2FCCLF_2)和CFC-114(CCl_2CCLF_2)。

　　低沸点意味着氟利昂在室温下将介于气体和液体之间。这一特性可以被应用在制冷剂上。

　　另外,氟的加入使分子结构更加牢固。图33是CFC-12的分子结构图。它的形状如同一个底部为三角形的金字塔四面体。碳原子位于金字塔的中心,并与四个位于四面体角上的卤素原子连接。每一个卤素原子都用力拉着碳原子的一个电子,同时碳原子又不愿放弃自己的电子,所以它们之间的键非常牢固。这种强度使得CFC-12以及所有的氟利昂化合物都有很强的惰性,不和其他物质反应,而且在连续几小时氟利昂浓度都达到20%的情况下对人体也绝对无害,所以可以被用于生产气溶胶喷射剂、医学上所使用的计量吸入器以及泡沫塑料等。

　　氟利昂在化学上的稳定性也决定了它不和氧气发生反

应，所以它既不会燃烧，也不会爆炸，可以作为灭火剂使用，使燃烧物质与氧气分离。

　　氟利昂的生产在20世纪30年代逐渐增多。到了40年代，氟利昂被引入杀虫剂中作分散剂使用，用来控制像蚊子一样携带病菌昆虫的数量。这类的杀虫剂有DDT和除虫菊等。

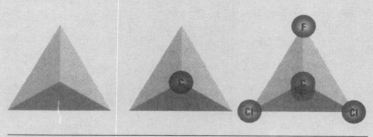

图33　CFC-12的分子结构图
一个碳原子位于"金字塔"的中心，和其他四个卤素原子连接。CFC-12的分子中含两个氟（F）原子和两个氯（Cl）原子，这样的结构形状很像一个四面体。

臭氧消耗、紫外线辐射和人类健康

　　平流层臭氧的损耗使更多地软紫外线辐射穿透平流层到达地表。过量的软紫外线将损害生命细胞，导致人类患上白内障和皮肤癌。尽管由紫外线辐射引起的这两种病均可治疗，但其后果还是很严重的。此外，过量的紫外线辐射还会引起人体老化，使人产生皱纹。

臭氧洞损耗主要集中在无人居住的南极洲，但在发现臭氧洞的最初几年里，洞变得越来越大，有时可以覆盖整个新西兰。在南北半球的中纬度地区都曾出现臭氧层变薄的情况。如1998年的臭氧层厚度比1976年低了6个百分点。虽然目前的损耗只能造成很小的影响，但如果损耗继续下去的话，它对健康的影响会非常严重。

　　到达地面的软紫外线辐射量由纬度决定，赤道地区软紫外线辐射量最多。如位于北纬30°的美国新奥尔良地区接受的软紫外线量比位于北纬40°的纽约市多50%。臭氧层的损耗使到达地面的软紫外线辐射量增多，其数量相当于一个居住在中纬度地区的人向赤道方向移动大约125英里（201公里）所接收的软紫外线辐射量。

　　虽然最近几年皮肤癌发病率有所上升是因为日光浴的盛行和夏天在低纬度热带地区度假导致的，但是臭氧损耗还是很可能导致皮肤癌患者的增加。据预测到2060年，由臭氧损耗造成的皮肤癌患者将占所有患者总数的3%，而因此死亡的患者总数将占所有皮肤癌死亡人数的5%。

五

自然污染源

火山

　　1991年6月15日,位于菲律宾吕宋岛上的皮纳图博火山爆发。在热带东风的作用下,火山灰从菲律宾一直蔓延到印度。火山爆发还将1 500万英吨到2 000万英吨(1 400万吨到1 800万吨)的二氧化硫推向平流层。烟柱传播十分迅速,仅3周的时间就环绕地球形成了一个宽广的烟柱带并明显地改变了天气。1991—1992年和1992—1993年的冬季,北美、欧洲北部和亚洲北部地区的温度比往年平均温度高5.4℉(3℃)。中东及南半球南部的温度却有所下降,1992年的夏天温度比往年平均值低3.6℉(2℃),这种影响一直持续到第二年的夏天。

　　1991年皮纳图博火山的爆发是20世纪较剧烈的一次火山爆发,规模仅次于美国阿拉斯加州卡迈特国家公园内的诺瓦卢普塔火山在1912年的爆发。

皮纳图博火山已休眠了500年,它的爆发主要是因为在其东北60英里(100公里)以外发生的一次大地震。地震过后几小时火山开始喷发,喷出的气体含有水蒸气、盐酸、氢、氮、氟化氢、硫酸、甲烷、氨水、二氧化碳和二氧化硫。此外还有体积多达1.2立方英里(5立方公里)的熔岩和火山灰,这些熔岩和火山灰在空中形成一个高为22—25英里(35—40公里),宽为310英里(500公里)的蘑菇云。

什么是火山

位于地壳固体岩石下面的区域叫做地幔,这里的岩石密度比地壳岩石大,但在高温和高压的作用下,这里的岩石就像一层厚厚的液态物。地幔厚度比地壳厚得多,约为1 800英里(2 900公里),一直蔓延到地核。图34是对地球结构的简单示意。

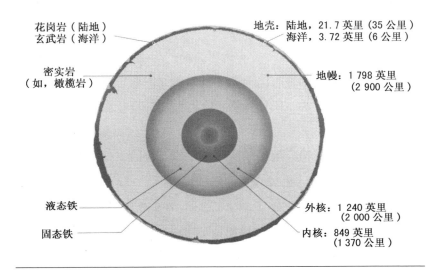

图34 地球结构

位于地幔顶层和地壳下层之间的流动的炙热岩石叫做岩浆。它承受着巨大的压力，一旦地壳岩石出现裂缝，岩浆就向上涌出，这就是火山爆发的开始。

上升的岩浆堆积在地面以下很深的地壳空洞里，这里叫做岩浆室。夏威夷火山的初级岩浆室在海平面以下35英里（56公里）的地方。越来越多的岩浆进入岩浆室后，里面的压力不断增加，最后岩浆冲破上面岩石，沿着阻力最小的通道穿过上面的岩石上升——这些通道是前几次火山喷发时形成的——填充了更接近地面的地表二级岩浆室。当二级岩浆室的压力逐渐升高时，其顶部向上膨胀，使得上面的岩石凸起。在地面我们可以清晰地看到凸起，它叫做熔岩丘。它的出现说明岩浆室已满，爆发即将来临。

岩浆流动的通道叫火山管。许多火山的初级岩浆室两侧都有附加的二级岩浆室，每一个岩浆室都拥有火山管。岩浆最后沿火山管冲破上面岩石的阻力，喷出地面。

从岩浆室上升的熔岩必须破坏上面的岩石，排除路障，这就会引发许多震级较小的地震。火山学家们在他们认为很活跃的火山周围安装了测震仪。这些仪器探测到地震时就说明岩浆在上升。

当岩浆接近地表时叫做熔岩。随着压力减少，熔岩体积膨胀和流动性变得更为顺畅。熔岩的流动性取决于它的成分和温度。熔岩离开火山管顶部时的温度在1 340℉—2 175℉（727℃—1 190℃）。一般来说，熔岩越热，熔解于其中的可挥发性物质就越多，含有的硅石就越少。并且熔岩里的液体越多，熔岩流动的就越快。硅石（二氧化硅，SiO_2）是所有岩石中最普遍的矿物质。

火山爆发在某种程度上几乎倾空了距地面最近的岩浆室。室内压力下降，最后因无法承担上面岩石的重量而塌陷。地面上的塌陷叫做火山口或破火山口。图35是对火山爆发过程的示意。

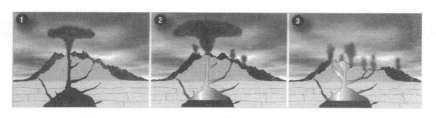

图35　火山爆发的过程
1）熔岩从岩浆室喷出，火山爆发。 2）爆发在一定程度上倾空岩浆室。 3）随着岩浆室内压力的下降，火山顶塌陷，形成火山口或破火山口。

挥发物

　　水、二氧化碳和二氧化硫是普遍存在于岩浆里的化合物。岩浆里含有的化合物常远远多于岩浆呈饱和状态时所需的量。皮纳图博火山的熔岩就是如此。岩浆在地幔或是地壳底部时承受着巨大的压力，一些在低压下呈气态的物质存在于岩石溶液里。这些物质叫做挥发物。这证明在地表以下3—6英里（5—10公里）或是更深处的岩浆里含有许多气泡。

　　当上升的熔岩越来越靠近地面时，它开始冷却，里面的矿物质形成结晶。结晶使溶解在岩浆里的挥发物被"挤出"溶液，形成气泡。随着结晶化的进行，这些气泡与原先就有的气泡聚合在一起，体积被压缩得越来越小，气体压力越来越大，最终一些气体炸开一个出口，从火山口排出。很快，内部压力的突然降低导致剩余挥发物冲出溶液，以气体泡沫和熔岩的形式爆发。这种泡沫物质叫做炙热火山云。剧烈的爆炸会将火山云顶一直射到平流层。火山云内的温度可达480℉—930℉（250℃—500℃）。由于云内物质比周围空气密度大，所以它会下沉，沿山坡以时速每小时125英里（200公里）的速度流动，破坏途经的一切。以这一速度运动的火山灰和火山云所形成的风暴可能是火山喷发所产生的最令人恐惧的事情。

火山的种类

皮纳图博火山是成层火山，维苏威火山、富士火山、印度尼西亚的喀拉喀托火山和新西兰的艾格蒙特火山都属于这类火山。火山口涌出的熔岩加固了火山口的周围部分，形成了一个有陡峭斜坡的锥形山。在1991年出现的那次皮纳图博火山爆发中，喷发熔岩的最高点大约在海平线以上5 725英尺（1 745米），这次火山喷发使火山高度比以前少了几乎500英尺（150米）。

形成这种形状的火山熔岩含55%以上的硅石，但同时还含有大量的挥发物，会引起剧烈爆炸，所以爆发过程中也伴有间歇性爆炸，同时与黏性熔岩的流动交替出现。爆炸喷出的火山碎屑物，如岩石和火山灰，流回到凝固的熔岩上，形成了一个熔岩和火山碎屑物交替的锥形体。图36是一个成层火山的剖面图。

火山碎屑物自身也能形成锥体，叫做火山碎屑锥。火山碎屑锥比成层火山更陡峭，但体积没有成层火山大。墨西哥的帕拉库丁就是一个典型的火山碎屑锥，高度仅约为1 350英尺（412米）。

像夏威夷岛上的莫纳克亚（13 797英寸；4 205米）和冒纳罗亚（13 682英尺；4 170米）这样真正巨大的火山叫做盾状火山。与成

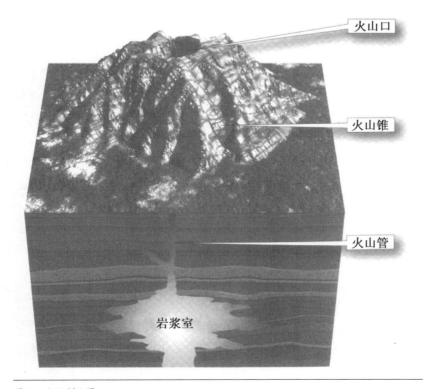

火山口

火山锥

火山管

岩浆室

图36 火山剖面图

层火山相比，它是由更多的流体熔岩构成，熔岩中的硅石含量少于成层火山中的硅石含量。由于熔岩中的流体较多，因此流得很远才会凝固，才会形成一个面积广阔的锥体，但坡度却没有成层火山那么陡。

形成盾状火山的熔岩经过冷却凝固形成玄武岩。玄武岩熔岩也能从地面裂缝中渗出，但在两边不会形成锥体。这样一来，玄武岩就会大量涌出，覆盖大片土地。早在1 400万年到1 700万年前，美国西部就曾出现过这种熔岩泛滥，被称为哥伦比亚玄武岩泛滥。图37表明哥伦比亚玄武岩泛滥出现的位置，图中哥伦比亚河从中穿过。此次熔岩泛滥覆盖了大约8.5万平方英里（22万平方公里）的土地，但这还算不上是世界上规模最大的一次，最大的一次出现在非洲南部的卡罗泛滥，覆盖的面积达77.2万平方英里（200万平方公里）。

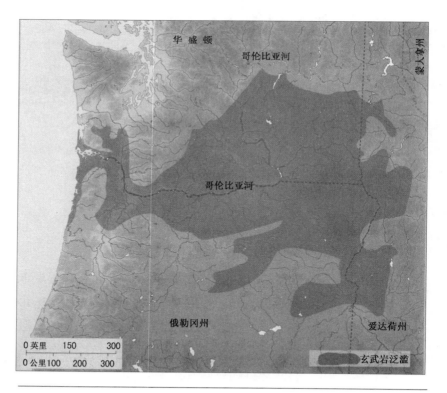

图37 哥伦比亚玄武岩泛滥
图中阴影部分表示的是当时玄武岩泛滥覆盖的范围，它位于美国华盛顿、俄勒冈州和爱达荷州的边界处。

喷发的种类

皮纳图博火山爆发与公元前79年发生的维苏威火山爆发形式极其相似。维苏威火山喷发迅速埋藏了庞培城，居民们还没来得及逃跑就被埋在了火山灰下。罗马学者老普林尼就是受害者之一，他死于附近的海滩上，没有死在庞培城里。老普林尼出生于公元前23年，是著名的作家和博物学家。这种火山爆发形式就以他的名字命名为普林尼式。

普林尼式喷发是众多火山爆发中的一种。现在的维苏威火山通常不像公元前79年发生的火山喷发那样剧烈，那次属于亚普林尼式或维苏威式喷发。这些类型的喷发通常在休眠很长时间后发生，而且是爆炸性的。休眠期间，熔岩洞内的气压不断升高，直到压力大到将封闭洞顶端的堵塞物炸到空中。在最初的爆炸之后，紧跟着会有泡沫状熔岩流出，伴随有云状火山灰和气体。

在所有火山喷发中最剧烈的一种叫做佩蕾式喷发，它是以夏威夷火山女神佩蕾的名字命名。此类喷发发生之前通常有熔岩丘出现，还会产生炽热火山云。夏威夷也有盾状火山，盾状火山虽然不会爆炸性地喷发，但却会产生惊人的火焰喷泉——实际上，熔岩喷泉能喷到650英尺（200米）的高空，且能持续一段时间。这种喷发叫做夏威夷式喷发。

1963年冰岛沿岸的火山喷发产生了一个新的岛屿，叫做苏尔特塞岛，这一岛屿产生的火山喷发就命名为苏尔特塞式喷发。苏尔特塞式喷发发生在洪水流进火山口时，水柱底端的水开始沸腾、蒸发，但是上面水的重压却阻碍了它的膨胀，这样气压升高，水蒸气体积增加，直到整个火山口爆发，将膨胀后的固体物质抛到12英里（20公里）的高空。

罗马神话中的伍尔坎是朱庇特和朱诺的儿子，他被父母从天上扔到人间，落到爱琴海上的利姆诺斯岛上。伍尔坎从天上落入人间花了一天时间，落在地上时摔成了瘸子。后来，他成为火神，负责防止火灾的发生，同时也具备放火的能力，他也会经常引起火山的爆发。伍尔坎式喷发也是爆炸性的，当黏性岩浆里的气压冲破上面的固体地壳时就出现伍尔坎式喷发。此种火山爆发会喷射出火山灰、气体和大小不一的岩石，但却不会有新的熔岩流出，这种爆发通常会持续一段时间。

还有一种类型的火山爆发也以火山名字命名，那就是位于第勒尼安海的意大利海岸附近的斯特隆博利火山。斯特隆博利式喷发次数频繁，但程度通常不太剧烈，此种火山喷发会将熔岩喷射入空中，落下后形成陡峭的锥形体。

火山的分布

火山喷发只在岩浆能够冲破岩石地壳的地方发生。适合于此条件的只有两种地方：板块边缘和热点上方。

地壳由巨大、坚硬的岩石块组成，我们将其称为板块，板块位于地幔中密度较高的物质上方。地幔里的对流引起板块运动，所以，在板块边缘地带，岩浆有可能喷出地面。这些地区很容易发生地震，火山也经常可能喷发。图38显示了世界主要的火山和地震的分布地带。

热点是远离板块边缘的地方，在这里，岩浆穿过海洋底地壳。

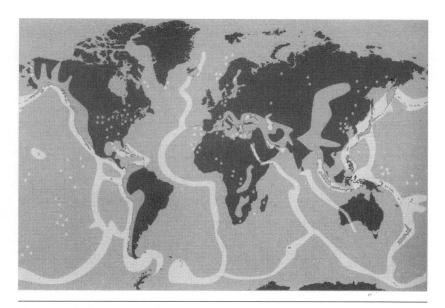

图38 主要的火山和地震的分布地带

这是由对流引起的,对流使地幔岩石流作用于地壳底端。当板块慢慢移动时,岩石流依然保持在原来的位置,这样就会产生一系列海底火山。如果火山足够大的话,就会形成一连串的火山岛,夏威夷岛就位于这一系列海底火山的末端。夏威夷岛是夏威夷—帝王火山链的一部分,从堪察加半岛沿岸的明治海底山一直延伸到夏威夷岛。夏威夷大约是在7 000万年前形成的。海底山是指在洋底形成的孤立火山,高度不足以伸出海面。图39分别显示了5 000万年前、4 000万年前、3 000万年前、2 000万年前以及1 000万年前移动板块曾到达的位置,这些位置以固定的热点为参照物。夏威夷在距今不到200万年前运动到热点上方。板块运动时,热点保持在原来位置。现在热点就在夏威夷的正下方。

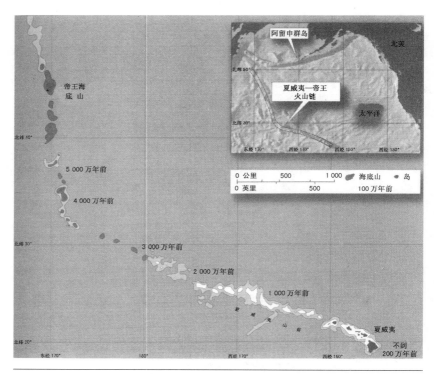

图39 夏威夷—帝王火山链

为什么火山会影响天气

并不是所有的火山爆发都影响气候。火山喷发时，必须向平流层喷出大量的微小颗粒，才能改变气候。在平流低层几乎不会出现空气垂直运动，但却会出现水平运动。这意味着喷射到平流低层的物质沿水平方向散落，但降落速度很慢，因此它将在大气上层中停留几个月，甚至几年。

如果火山位于赤道附近，那么它对气候的影响是最大的。因为

170

它会使喷入平流层中的物质运动到另一个半球，一旦这样，它将影响到两个半球的气候。

气候的影响是反射造成的。任何表面都能反射光线，表面反射光线的百分比称为反射率。如果所有光都被反射，此时的反射率为100%，可以写成100，或更多的时候写成1。如果所有光都被吸收，一点都没有反射出去（尽管这样的表面并不存在），那么反射率为0。整个地球的平均反射率大约是0.3。刚刚降落的雪的反射率为0.75到0.95，黑色的路面的反射率为0.05到0.10。一般说来，因为平流层中的空气是透明的，所以根本就没有反射率。然而微小的颗粒却能反射射入的光线，所以增加了行星的反射率。它们形成了一层薄雾，由于这层雾太高太薄，我们无法用肉眼看到，但却有一点遮蔽地表的效果，从而起到冷却的作用。

这层薄雾肉眼看不到，但我们却能看到颗粒带来的另一个影响。火山灰让落日更加壮丽，之所以会这样，是因为颗粒在各个方向碰触到光线，但只散射了一部分光线。至于颗粒究竟能散射多少光线主要依据波长大小。短波光——紫光和青光——在大气上层中被空气分子完全散射，光的颜色也就完全消失。大气低层中的空气分子散射蓝光，散射使光从各个方向进入我们的视线，所以晴天的天空是蔚蓝色的。微小颗粒还会散射黄光、橘黄光和红光，这通常发生在黎明之后或是日落之前，由于这时太阳很低，光线要穿过的空气层比太阳高时的空气层厚，所以这些光线将最大限度地被散射出去。空气本身不断散射蓝光和绿光，直到把它们都滤出，到达地面的就只有黄光、橘黄光和红光，也就是黎明和日落时的颜色。偶尔，我们也会看见红色的日出和日落，但在大型的火山喷发后的几个月里，我们就会不断看到这样的景色。

火山喷发与气候

　　1991年皮纳图博火山喷发时，要是没有颗粒喷射进平流层，1992年和1993年的夏天就会更炎热一些，但与20世纪最大的火山喷发相比，皮纳图博喷发只是小事一桩。最大的一次是卡特迈火山喷发，当时十分剧烈以至于喷发平息后，在它的右面留下了一个熔岩丘，也就是现在的诺瓦波塔火山。

　　卡特迈火山从1912年6月6日开始喷发，持续了60个小时。卡特迈位于美国阿拉斯加州卡特迈国家公园的中心位置，该公园在多烟谷中建成。图40表明了其地理位置。

　　多烟谷是罗伯特·格里格在1916年代表国家地理协会参观多烟谷时命名的。这是火山喷发后他第一次来到这么遥远的地方——卡特迈山脉大约在安克雷齐西南方向265英里（425公里）处，这里位于北纬58°，西经155°。格里格发现刀河谷和乌卡克河谷已经被火山灰覆盖，火山灰总共覆盖了40多平方英里（104平方公里）的土地，有些地方火山灰的厚度达700英尺（214米）。火山灰上有无数的小裂缝，被熔岩加热的地下水中不断有蒸汽和气体从裂缝中流出，这就是多烟谷的成因。当然，现在水已冷却，我们也看不见烟了。

　　火山喷发明显是从距卡特迈10英里（16公里）的一个火山口开始的，这是现在诺瓦波塔所在位置。喷发平息后，熔岩丘膨胀形

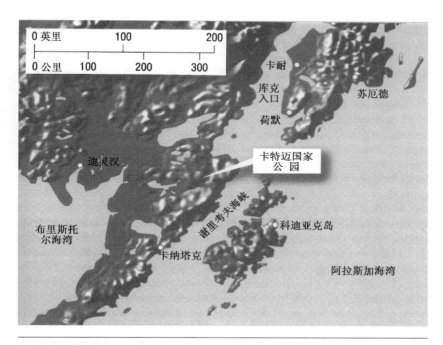

图40 阿拉斯加州的卡特迈

成今天的诺瓦波塔。它的底部直径是1 300英尺（395米），高度为2 760英尺（841米）。这次喷发在岩石中挖掘出一个洞，使得卡特迈塌陷，形成一个宽2英里（3公里）、深1 970英尺（600米）的破火山口。

皮纳图博喷出了大约1.2立方英里（5立方米）的岩浆。诺瓦波塔-卡特迈喷出约3.5立方英里（15立方米）的岩浆。皮纳图博喷出的火山灰和热气高度达18.6英里（30公里），诺瓦波塔的火山流达到了16.8英里（27公里）。

诺瓦波塔-卡特迈喷出的二氧化硫和其他气体导致大面积地区

173

酸雨的形成（参见"酸雨、雪、轻雾和干沉降"），并且使维多利亚、英国哥伦比亚地区的黄铜失去光泽。在温哥华，酸雨破坏了晾在衣绳上的衣服纤维，使得一些衣服布料破碎，以至于顾客纷纷控告店主出售假冒商品。

喷入高空中的颗粒也会影响天气。它们挡住了许多科迪亚克岛的阳光，在喷发后的两天内，位于谢里考夫海峡几英里以外的天空一直都是漆黑一片。几天后在华盛顿的上空出现阴霾，在遥远的非洲都能看见。根据加利福尼亚和阿尔及利亚的测量结果显示，颗粒会减少20%的太阳光辐射，这一结果可以充分表明火山喷发对北半球所有地区的影响。当年夏天北半球的平均气温比以往低约1.8℉（1℃），这一年被称作是"没有夏天的一年"。

1963年3月，印度尼西亚巴厘岛上的阿贡山发生火山喷发。虽然此次喷发与卡特迈火山喷发无法相提并论，但也十分剧烈。这次火山喷发将0.07—0.14立方英里（0.3—0.6立方公里）的岩浆喷出11英里（18公里）高，火山流中含有大约1 100—2 200万英吨（1 000万—2 000万吨）的硫酸盐颗粒。6个月后，这些物质在平流层中四处扩散，从而覆盖了整个地球，并使温度降低约1℉（0.5℃）。因为温度下降太少，没有造成任何可测量的气候影响，但在接下来的几年中，却产生了壮丽的日落景色。

坦博拉与弗兰肯斯坦

像"没有夏季的一年"这样的现象还有许多，最著名的或者说最臭名昭著的一次发生在1816年。那年，大雪从6月份就开始在北美洲东部地区普降，积雪覆盖了地面，最南端一直达到匹兹堡。从那时起,康涅狄格州每个月都发生霜冻现象,6月份的魁北克城温度有时在冰点以下,9月份几乎要把人冻死的霜冻袭击了新英格兰地区。

天气变化使北半球的风向和天气系统都相应改变,并伴随出现了一些奇怪的现象。乌克兰遭受了热浪的侵袭,而大部分欧洲地区气温偏低,收成很差;苏格兰北部的夏季却晴空万里。在英国,七、八月的气温比以往低4.8℉(2.7℃),并且在9月22日,整个东部地区遭受了大雪袭击,伦敦出现严重霜冻现象。英格兰南部地区1月份以前很少下雪,这也是在英国有史以来收成损失最惨重的年份之一,它带来了粮食饥荒的问题。就全世界范围而言,大约有9.2万人死于这次火山喷发导致的饥荒。

那个凄凉的夏季也会产生一些其他令人意想不到的结果。几位好朋友本打算在瑞士日内瓦租的房子度假,其中有诗人雪莱,他的妻子玛丽,玛丽的姐姐克莱尔·克莱蒙特和住在附近的拜伦公爵。可是天气太恶劣,很多天根本无法出门,所以他们只好改变计划。他们轮流朗诵鬼故事,后来拜伦建议每个人都应该创作一篇鬼故事。但拜伦和雪莱很快就放弃了,只有玛丽一直坚持到最后,付出就有收获,1818年她发表了这一作品,题目是"弗兰肯斯坦"或"现代普罗米修斯"。

就是火山灰使那一年没有出现夏季。位于印度尼西亚的坦博拉火山在1815年4月喷发,并在此后很长的一段时间里,喷发的微小颗粒笼罩了整个地球。但在1815—1816年间的冬季和1816年的春季,天气却没有显著的变化,直到5月份,影响才渐渐露出端倪,温度低于以往的正常温度。

这次火山喷发是过去的几千年里程度最剧烈的一次,将12多立方英里（50立方公里）的岩浆喷到25英里（40公里）多高的地方。喷发物中含大约2 200万英吨（2 000万吨）的硫酸盐晶体，也正是由于硫酸盐晶体反射了太阳光，才使地表温度降低了约2℉（1℃）。

塔姆波拉火山喷发的时候，平流层仍然夹带着以前火山喷发出的颗粒，所以火山颗粒加剧了本已存在的平流层污染。1812年加勒比海圣文森特岛上发生火山喷发，还有世界上最活跃的火山之一，位于印度尼西亚桑吉何群岛上的阿乌山也突然发生火山喷发，这是自1711年该火山经历了时间最久的一次休眠以来的首次喷发；1814年在菲律宾也发生了几次火山喷发。

喀拉喀托

喀拉喀托是印度尼西亚巽他海峡上的一个小火山岛。1883年，它附近的几个火山变得十分活跃，喀拉喀托火山也在8月26日开始喷发，一直持续到8月28日。一连串越来越剧烈的爆炸将喷发物喷到25英里（40公里）多的高空，喷发物中含有岩石、火山灰和气体，这是继坦博拉火山喷发后有记载史的第二大火山喷发。

喀拉喀托火山喷发给人留下深刻印象，这主要是因为巨大的海啸席卷了爪哇海岸，使3.6万多人丧生，同时也带来了辉煌的日落美景和全世界范围内异常凉爽的天气，但温度下降不是十分明显，而且来得比较晚，所以没有影响当年的收成。

拉基

毕生都以气象学研究为兴趣的本杰明·富兰克林（1706—1790），在1783年的一篇关于天气的评论中首次提出了火山喷发与恶劣天气的联系,该评论于1784年发表,题目为"天气学假设与猜想",同时论文提交给曼彻斯特文学哲学协会(参见"酸雨和曼彻斯特空气")。在该论文中,富兰克林写到:"1783年的夏季,北部地区的太阳光本来应该更强烈一些,但大雾却长时间笼罩着整个欧洲及北美洲的大部分地区。这次大雾很干燥,且持续时间很长,由于雾的弥散作用,阳光并不强烈。如果是水汽升腾,那就容易生成潮湿的雾。穿过大雾的阳光的确十分微弱,以至于用凸透镜聚集后都很难点燃纸张……"

雾的成因还未查明。由于地球在绕太阳旋转的过程中会碰到巨大的燃烧球体,因此,偶尔会出现一些烟雾,这些烟雾有时似乎在燃烧,但穿过大气后就被熄灭,烟就很可能被地球吸引并存留;这场大雾或许是冰岛赫克拉岛附近露出水面的火山释放出来的大量烟雾,持续整个夏天,各种风使烟传遍了北部地区,当然这些都无法确定。

富兰克林所说的"雾"其实是颗粒形成的霾,从冰岛一直延续到叙利亚、北非和西伯利亚的阿尔泰山脉,并不是赫克拉岛火山喷发造成大雾的出现,赫克拉岛在1768年喷发过,而是拉基火山喷发所致。拉基火山只是岩石中的一个裂缝,并不是独立的火山。它长25英里(40公里),其间大约有100个单独的火山口(Lakagigar意为"拉基火山口")。拉基火山高2 684英尺(818米),是位于裂缝中心附近的一座火山。

据富兰克林记载,喷发使得那一年的冬天特别寒冷,但他并没有说到底有多寒冷。事实上,那年冬天北半球的气温比以往平均值低2℉(1℃),但在北美东部地区,气温下降得更多,温度比225年以来的平均值低8.6℉(4.8℃)。直到1790年,冬季气温才恢复到火山喷发前的温度。

在英国，那年夏季潮湿多雨，并在11月7日出现暴雪天气，持续到9日，紧接着就是一场霜冻。吉尔伯特·怀特（1720—1793）在《自然史和塞尔伯恩古迹》（1789年出版）中写到"这次霜冻冻死了所有荆豆和大多数的常春藤，在很多地方还使冬青的叶子全部凋落"。怀特还记录了塞尔伯恩村庄里的两个人因霜冻双脚生了冻疮，另外两个人手指生了冻疮。

拉基在1783年6月8日开始喷发，一直持续了50天左右，喷出的熔岩、岩石和火山灰约有3立方英里（12.6立方公里）。这是有记载以来最大的熔岩流（史前有比这规模更大的熔岩流），覆盖了218平方英里（565平方公里）。更值得一提的是，这次喷发释放了大量的二氧化硫，形成了约8 800万英吨（8 000万吨）硫酸。硫酸毒害了庄稼，气体中的氟化物落在地面，污染了牧场，毒死了约53%的牛、72%的马及83%的羊。导致的烟雾饥荒造成大约9 000人死亡，大约占当时冰岛人口的1/4。气体和火山形成的大团云雾最远飘到法国，毁坏了那里的庄稼，还有些牲畜被毒死。由此带来的动乱深化了人民的不满，也许1789年的法国大革命也有此原因。

拉基火山喷发并不是引起在距离冰岛很远的地区上空产生霾的唯一原因。日本的阿苏山在1783年也发生了火山喷发，喷发的物质很可能加重了冰岛喷发的影响。

埃尔奇乔恩山和圣海伦斯山

火山喷发不断污染空气，并影响着天气。墨西哥的埃尔奇乔恩火山在休眠了几个世纪后于1982年3月苏醒，火山在3月26日开始喷发,一直持续到5月中旬。其中,3月29日和4月4日的爆炸尤为剧烈。3月29日的爆炸导致100人丧生,4月4日释放了大量的火山灰和气体,形成巨大的云状物。在整个事件中总共有大约2 000人死亡。

埃尔奇乔恩喷射出0.07—0.08立方英里(0.3—0.35立方公里)的物质,高度达16英里(26公里)。喷发物中含有360万英吨(330万吨)二氧化硫,并全部转化为硫酸。到5月1日为止,形成的云状物已将地球笼罩。到了7月份,云状物使地面温度降低0.4°F(0.2℃)。一年之后,云状物覆盖了几乎所有北半球及南半球的大部分地区。

在华盛顿州,位于卡斯卡得山脉中的圣海伦斯山在1980年5月

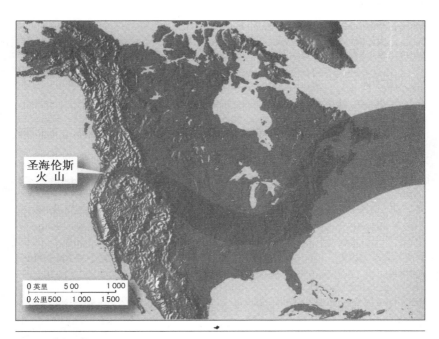

图41 圣海伦斯山
阴影部分表示在1980年喷发中被火山灰覆盖的北美地区。

179

18日发生爆炸，喷发出0.8立方英里（0.35立方公里）的物质，一直到达13.7英里（22公里）的高空。保留在低层大气中的火山灰在流经美国时落在地面，图41表明了受污染的区域。这是一次规模比较大的喷发，但在几个月的时间里，仅使平均温度降低了约0.2℉（0.1℃）。

正如以上例子表明，火山是大气污染的主要自然污染源，它会带来灾难性的后果。在我们看来，火山喷出的熔岩流能破坏土地和村庄，或是在夜空形成绚烂多彩的烟火。没错，火山的确可以这样，但它们还会带来更加不幸的后果。火山喷发释放到平流层中的气体和灰尘将导致饥荒，成千上万的人将因此而丧命。

杀人树吗

当我们想起酸雨和烟雾时，头脑中立即浮现的画面就是工厂烟囱、发电厂以及挤满了汽车的6车道的高速公路。这些画面都没什么错误，但这只是其中的一部分（对此我们能够采取一些措施），因为大自然本身也在污染空气。前一章讲述了火山如何导致酸雨产生，这似乎不难想象。毕竟火山喷发与工厂烟囱不同，它的喷发量比烟囱大无数倍，而且无法控制它的释放极限，所以火山是没有许可证的污染源。

如果非要让我们相信我们原本喜欢并认为很美丽且值得保护的自然环境也是主要的污染源，真的有些难度。我们热爱森林，这是天经地义的，因为森林赐予人类各种有益的恩惠。森林供养着大量的植被和动物，还有助于水分从地面进入空气以及减小风力等。许多民间故事和童话都发生在森林里，可是童话里的森林常常是漆黑一片、充满危险的地方，人们还很容易迷失于其中，凶猛的野兽、邪恶的巫师和恶意的小妖经常生活在森林深处。森林的概念深深地扎根于人类文化里，所以要让人们知道它是烟雾的主要来源真的是令人无比震惊，但事实就是这样。

同样，我们热爱大海，甚至连那些远离海岸、居住在内陆的人们也深深地眷恋着大海。我们可能从未见过海，但航海和探险故事却是大多数人文化里必要的部分。大海十分洁净，代表了大自然的最纯净部分，人类为过度开采海洋资源和污染海洋资源而担忧。大海——或者说的更确切些，海洋里栖息的某些有机体——导致酸雨的产生，这种假设似乎太离谱了，但这的确是真的！

海洋上空的云

只有在云凝结核存在时（参见"蒸发与凝结"），水蒸气才会冷凝，形成云滴。凝结核只不过是提供了液体凝结的表面，这在陆地上并不成问题，因为空气中总是有一定量的灰尘存在。通常每立方英寸空气中有8万到10万个云凝结核（每升含500万到600万），这么多的凝结核对于水蒸气冷凝来说是十分充裕的。当相对湿度接近100%时，云很容易形成。

但在远离陆地几千公里外的开阔海面上，情况却截然不同。海洋空气十分干净，这意味着空气中没有灰尘。每立方英寸的海洋空气平均只含有1.6万个云凝结核（每升100万个），这样云很难形成，所以我们会觉得海洋上空总是万里无云，但却很湿润。然而卫星云图却显示出海洋上空的云与陆地上一样多,为什么会这样呢?

硫循环

英国化学家詹姆斯·罗弗洛克揭开了谜底,他作为盖娅假设的主要作家而闻名于世(参见补充信息栏:盖娅假设)。像许多科学发现一样,盖娅假设也是他在做一个与它毫不相关的调查时得到的意外收获。

像氮、碳、磷和硫这样生物学上十分重要的元素,在生物地球化学循环中不断地运动,循环将它们从地面带到水或空气里,然后再返回地面。活的有机体应用这些元素——我们的肌体也是由它们构成——并通过这些化学元素四处运动推进循环的进行。这个循环大体上比较容易理解,但对硫循环的描述,罗弗洛克并不十分满意。

在循环过程的某个时间点上,每一个元素都要想方设法到达海里,如果循环要一直持续下去,这些元素一定得有返回陆地的途径,那么唯一可能的途径就是通过空气传播。每种元素都必须返回陆地,在运动的空气中飘过陆地,然后吸附在固体表面或是溶解于水,最后以雨滴的形式落到地面上。生活在港湾和海岸淤泥中的细菌会用硫生产出副产品硫化氢(H_2S),一些硫化氢会流入空气里,科学家们认为这就是硫返回陆地的方式。然而这似乎又不太可能,因为硫化氢有股强烈的臭鸡蛋味,如果是以硫化氢的形式传播,那么港湾和海岸附近的空气中就会弥漫着这种臭鸡蛋味,但事实并非如此(硫化氢也是有毒气体)。

然而,罗弗洛克发现这一过程实际上更有趣、更复杂。循环过程产生一种强烈的与众不同的气体,那就是大海清新洁净的气味。

硫并不是以硫化氢的形式返回陆地,而是借助漂浮于海面附近的单细胞浮游植物群落返回空气。

这种植物多数都含有其母体化合物产生的一种二甲基丙酸硫(DMSP),但并不是只有这种植物含有二甲基丙酸硫,在海藻、沼泽草以及生长在盐地里的其他植物中也含有二甲基丙酸硫。它控制着水穿过细胞膜的运动,细胞中二甲基丙酸硫的数量随着细胞周围水的盐度不同而有所差异,这对细胞的生存是至关重要的:如果细胞内外盐度不同,水会进入或流出细胞,或是脱水或是胀破细胞壁;如果细胞内盐含量太高,细胞就会死亡。如果植物死掉或是被吃掉,二甲基丙酸硫被释放到水中,酶将其分解为丙烯酸(CH_2:$CH \cdot COOH$)和二甲基硫醚($(CH_3)_2S$)或甲硫醚(DMS)。其他植物化合物也能分解成甲硫醚,但二甲基丙酸硫却是最重要也是最著名的化合物。

人们认识这些物质已经有一段时间了。甲硫醚是在1935年首次识别和分析的,不久人们鉴定它的前身是二甲基丙酸硫。1948年,人们首次提取二甲基丙酸硫并记述其性质,所以这一化合物不再神秘。罗弗洛克发现的是它在云的形成和硫的循环中发挥的"盖娅"作用。

一些甲硫醚进入空气后迅速被羟基(OH)或硝酸基(NO_3)氧化,氧化后的产物有二氧化硫(SO_2)、硫酸(H_2SO_4)、二甲亚砜(DMSO;CH_3SOCH_3)、甲烷硫酸[MSIA;$CH_3(O)OH$]和甲磺酸(MSA;CH_3SO_3H)。所有这些产物都能在空气中形成颗粒或与其他化合物结合形成颗粒,而这些颗粒又形成理想的云凝结核,水蒸气就可以在上面冷凝。

这就是云为什么有可能在广阔的海面上自由形成，也是硫从海洋进入空气的化学途径。一旦进入空气，硫就随着浮云飘过陆地，一些未被氧化的甲硫醚被排入沿海地区，在空气中弥漫，产生人们想象中在海滨度假时闻到的味道。

补充信息栏：盖娅假说

美国宇航局在20世纪70年代曾向火星发射过海盗号无人探测器，在该计划的准备过程中，宇航局顾问詹姆斯·拉夫洛克与哲学家迪安·希区柯克以及其他人曾讨论过如何识别其他星球上是否有生命存在。如果有的话，由于外星生命与地球生命可能完全不同，应该如何去识别它们呢？拉夫洛克等人认为：任何生命都会吸收来自于周围环境的化学物质（如氮或某种化学能量）同时又将代谢的废物排放到周围环境中。这些活动应该会使周围环境的化学组成发生改变，并且这种改变与物质单纯通过化学或物理变化所达到的物质平衡应该有明显的区别。

由此出发，科学家们进一步推断生物体引起环境改变后，这些生物体的各种活动，如呼吸、消化和排泄等会将这种改变继续下去使之适应其生命活动，因而他们得出结论认为：在有生命存在的星球上，生物体使周围的环境发生了变化使其更适应生物自身的存在和发展，也就是说星球上的一切事物都受生物体的支配和调遣。

以地球为例，在生命没有出现以前，地球大气中如果含有氧的话，那么氮和甲烷的含量就会非常少，因为氧气会使氮和甲烷氧化并消失。同样，由于闪电的催动，氮气变成可溶解于水的硝酸并随同降雨来到地面而甲烷则转化成二氧化碳和水，所以大气中也不可能有氮和甲烷存在。但是今天大气中存在的氮和甲烷含量则说明这些气体正不断地被重新释放回空气中。这一结果不可能单纯依靠化学反应才能实现，一定有生物作用参与其中。不仅如此，这些生物还通过吸收和释放二氧化碳以及对海水含盐度的调控等改变着大气底层的温度。与此形成对比的是金星和火星。由于没有生命存在，这两个星球上的大气成分始终维持着化学平衡，没有任何变化。

拉夫洛克的朋友、英国小说家威廉·戈尔丁听说拉夫洛克的想法后建议他用盖娅来命名这一理论。盖娅是希腊神话传说中的大地女神，古希腊人用以代表大地和大地上的所有生命（包括人类）所组成的大家庭，于是我们就有了今天的"盖娅假说"。之所以叫假说是因为这只是一个试验性的解释，其正确程度还有待通过实验来进行验证。

盖娅假说由两个部分组成：一个是弱盖娅假说，认为地球上包括碳、氮、磷、硫、碘在内的所有化学成分都是盖娅这个生命体的一部分并在海洋、大气和岩石之间循环往复，其运动的动力来自于生物体的各种活动。如果地球上的生物消失了的话,那么地球环境将大变样。另一个是强盖娅假说,认为地球本身就是一个大的盖娅生命体,这个生命体是一个可以自我控制的系统,对于外在或人为的干扰具有整体稳定性的功能。

盖娅假说还认为细菌生物可以被用来清除大气污染,同时海水中铁含量的增加可以刺激海藻生长,减少大气中二氧化碳的含量,使地球温度保持稳定。盖娅假说的出现使人们开始考虑生物作用对地球某些现象的解释能力。然而它也遭到了许多人的质疑,有些科学家认为这一理论还需要更进一步的证实,而有些人则干脆对其投反对票。

甲硫醚和酸雨

二氧化硫与水反应生成硫酸,增加了由甲硫醚氧化直接生成的硫酸数量。硫酸是强酸,当其颗粒成为云凝结核时,产生的云滴会呈酸性,来自云中的降雨也呈酸性。

甲磺酸(MSA)是另一种强酸,主要是由甲硫醚、羟基和氧气在白天时反应生成,夜间甲硫醚主要与硝酸基反应。甲磺酸是甲硫醚氧化生成的主要产物,也能够以颗粒的形式作为云凝结核而存在,这样甲磺酸也会导致酸性云和酸雨的形成。

植物并不是甲硫醚的唯一来源,牛在消化蛋白质时也会以气体副产物的形式释放甲硫醚。如果牛能做到这一点,那么其他的反刍动物——绵羊和山羊——也同样可以，所以农场也是酸雨产生的一个原因。

在有许多其他更大的酸性污染源的城市里，由甲硫醚形成的酸雨似乎微不足道，然而在远离工业污染源的偏远地区，甲硫醚就大量地使雨、雪酸化。这就是海洋植物为何能导致酸雨形成的原因。

杀人树

带有刺激性气味的黄褐色烟雾，也就是我们通常说的光化学烟雾，是阳光充足的大城市的一大特点（参见"光化学烟雾"）。尽管在许多其他城市，光化学烟雾也很普通，但我们通常把它与它的鉴别地洛杉矶、墨西哥城以及雅典联系在一起。然而这些城市并不是能够发现光化学烟雾的唯一地方，这些烟雾在郊区依然存在。我们的第一反应会认为风把远处的城市污染带到了这里，所以我们会谴责那些让我们咳嗽并触痛我们的眼睛的城市，但这种想法其实是错误的。乡村的烟雾是它自身通过植物产生的。好吧，没错，这是烟雾，但它是完全天然形成的烟雾。

现在执教于俄勒冈科技研究生院的赖因霍尔德·拉斯马森教授是第一个注意到植物会引起空气污染的科学家。他的研究促使美国前总统里根就树木与火山比汽车污染更严重的话题做了著名的即席评论，他的评论消除了对"杀人树"的荒谬解释。当时里根总统大肆宣传此事，但现在我们知道拉斯马森教授是正确的。

有很多山脉都是因烟雾而得名。澳大利亚悉尼附近的蓝山山脉就是因经常悬浮于上空的蓝色烟雾而得名，那是天然形成的烟雾。同样澳大利亚维多利亚的丹德农格山上空也经常有蓝色烟雾，美国的蓝岭山脉和大雾山脉也都是因使其呈现蓝色的烟雾而命名。

烟雾是由松树针叶释放的萜烯引起的，它们很快与臭氧反应生成不到0.1微米（0.000 000 004英寸）的微小颗粒，这种颗粒能散射太阳光，蓝色是反射效率最高的颜色，散射使蓝光向四面八方射出，所以也从各个方向进入人们的视线，这就是为什么我们会看到山上的蓝色烟雾——事实上，蓝色烟雾出现在半山腰的森林上方。

异戊二烯和萜烯

萜烯是一组化合物。我们都能闻到许多种萜烯的味道（尽管有一些是无味的），而且所有的气味都很怡人。每当在松树林里穿行，就会闻到松树的特有芳香。松木和松香里都含有萜烯，我们闻到的是萜烯族中的两种，分别是α松萜和β松萜。

并不是只有松树才能产生萜烯，柠檬里有柠檬烯，萜烯给姜和香茅油以独特的味道，所有这些都属于萜烯或其衍生物，在我们生活中有太多的香味都是萜烯的功劳，如松脂、樟脑、鼠尾草属植物、桉属植物、洋茴香、冬青草油、檀香木、玫瑰和薄荷等。

没有人确切知道为什么这些植物会散发如此怡人的香气。有些香味可以吸引昆虫为它们授粉，还有些散发香味的油脂可以保护树木不被真菌侵蚀。单萜是人们在叶子和松针的储液囊里发现的精华油，它可以使动物致病不吃叶子和针叶，可以防止昆虫和兔子进食。

叶子释放的萜烯能够帮助调节植物内部温度和蒸腾过程中水分的损失，但许多萜烯只是植物新陈代谢中的附带副产物。

动物萜烯具有生物功能。维生素A和视紫红以及视网膜视杆细胞中的色素（该色素可让我们在光线微弱的条件下仍能看到物体）

都是萜烯,鱼油和鱼肝油也含有萜烯。

植物能产生乙酸(CH_3COOH),乙酸又是生产氨基己酸的原材料。乙酸分子结合生成甲羟戊酸($C_6H_{12}O_4$),甲羟戊酸又可以转化为含异戊二烯基本单位的化合物异戊烯焦磷酸酯。萜烯就是由异戊二烯分子组成,异戊二烯分子结合在一起形成单萜($C_{10}H_{16}$)、倍半萜($C_{15}H_{24}$)、二萜($C_{20}OH_{32}$)等。橡胶是含有1 000多个异戊二烯单位的聚合萜烯,使胡萝卜和西红柿呈现其颜色的胡萝卜素很可能也是由异戊二烯单位构成。

污染物质?

作为对阳光的反应,植物会散发出异戊二烯和萜烯,随着温度增加,散发的量也相应增加。由于它们随时都会蒸发,所以被界定为挥发性有机化合物(VOC_S)。其实植物中散发的异戊二烯和萜烯是迄今为止大气中挥发性有机化合物的最主要来源。除了具有挥发性,它们还具有可溶性,所以未能蒸发的异戊二烯和萜烯会被雨水冲刷走。

不管这些化合物与松树林有什么关系,每年落叶树(这些树木在冬天所有叶子都会凋落)比四季常青树释放更多的异戊二烯和萜烯。当然,释放量也会因树种的不同而有很大差异:有些树种比其他树木多释放1万多倍的挥发性有机化合物。

这些挥发性有机化合物一旦进入空气后会发生什么样的变化,主要取决于空气中的氮氧化物的含量。在阳光明媚的日子,紫外辐射促进氮氧化物生成臭氧(参见补充信息栏:光解循环),如果空气中也含有挥发性有机化合物,臭氧则与之反应生成一系列组成了光化学烟雾的化合物,其中包括新生成的臭氧。

    汽油和柴油发动机内未燃烧的碳氢化合物是城镇和城市里挥发性有机化合物的主要来源,但即使这样,异戊二烯和萜烯散发的挥发性有机化合物的数量也占不小的比例。在郊区几乎所有这种化合物都是天然生成的,天然生成的挥发性有机化合物不仅比矿物质燃料燃烧生成的数量大,而且由于异戊二烯和萜烯比未燃烧的碳氢化合物的化学反应性更强,因此效果就会更加明显。正是因为高度反应性使得萜烯极易燃烧,因此它能够让圣诞树(真正的树)气味芳香,但同时也使圣诞树成为火灾的隐患。

    显然,植物散发的挥发性有机化合物促成烟雾和地面臭氧的形成,但这并不意味着我们要铲平城市公园、砍掉道路两旁的树木,因为树木带来的益处远远超过了其危害。然而这却意味着在阳光充足温暖的地方,也就是在汽车排放氮氧化物、引发人们咳嗽的地方选择树种时应下一番工夫,人们一定要精细选择适合的树种。

火灾污染

    对于完全天然的污染,人类束手无策,因为我们无法封死火山,使它不再喷发,我们也无法改变植物的生物化学性质来阻止它们散发异戊二烯和萜烯,这些我们都做不到。然而我们却能够减少人类从工厂、农场、家庭和汽车等污染源释放到空气中、导致污染的物质数量,这些污染源是我们能够控制的。

    在这两者之间,还有另一类空气污染,那就是森林、灌木和草地大火。大火释放的烟和大量气体与太阳光反应生成光化学烟雾。大型火灾就如同巨大的工厂将所有废物倾泻到空气中一样，甚至连个帮助消散废物的烟囱都没有就直接排入大气。毫不奇怪，火灾可在当地导致严重污染，但如果火势太大，有时会覆盖大面积陆地。火灾还能摧毁房屋、农场和其他资产，有时甚至夺走人类宝贵的生命。

当然这些火灾是天然造成的，而且这种火灾经常发生，其中大部分是由闪电引起的。我们无法消除这些因素，但我们可以尽量避免由于人类疏忽或故意犯罪而引起的火灾。我们能够阻止犯罪行为并教育人们在点燃火柴、营火、生炉子时倍加小心，还应注意不要把能聚集太阳光的"凸透镜"式的瓶子扔在地上。

不幸的是，在常年干旱的地区，减少危险或完全消除危险性根本无法解决由于管理方式不当而造成的严重问题。尽管不善的管理不能直接导致火灾，但它却为火灾创造了条件，一旦大火燃烧起来，后果将不堪设想。

森林燃烧的时候

秋天，树叶纷纷落下，有些种类的老树枝干甚至还会脱落。像草和草本植物这样的小植物在生长期结束时也将死掉，枯萎的残留物留在地表。包括树木在内的植物都会变老死亡，死后也倒落在地面。在森林或任何一个充满天然植被的地方，树木死后都堆在地上，并彻底风干，走在上面能听到"嘎吱嘎吱"的响声。

树木在这个时候高度易燃，只要一个火花就能燃烧成火灾，通常火花都是闪电带来的。只有闪电、但不下雨的雷电暴风天气也很常见，燃料着火通常都只在地面范围，大多数天然火灾也都是地面火，偶尔可能有火焰产生，但主要是地面或地面以下燃料闷燃。燃料与草、草本植物、灌木和小树一起燃烧，但火的温度不高，通常地面范围的最高温度也只有194℉—248℉（90℃—120℃）。倒塌的大圆木和完全长成的大树只是表面被点着，但火不会彻底将其烧毁。也许因为下雨，也许因为燃烧不足，一段时间后，火能自动熄灭。

然而，火焰有时会猛然向上窜，点燃树冠，这时的火势就严重了。偶尔树冠火是由闪电击中树木并点燃树叶引起，但有时地面火向上蔓延也能形成树冠火。假如树冠向下生长，这种情况就很可能发生。火苗刚开始在低处燃烧，然后会慢慢向上扩展；或者有大量的燃料积累，也能形成树冠火，容易出现树冠火的树木包括许多高耸的小树、死掉却仍然伫立的小树以及高高的灌木，这些燃料源为火向上爬升提供了"梯子"。

一旦树冠层燃烧，树冠火就迅速蔓延，对流将热气带到森林上空，夹带着燃烧碎片和火花传到下方的一个树冠层。近地面的空气盘旋进入替代了上升的空气，这样能形成有飓风势头的风——风暴性大火。风暴性大火如同风箱一样，将氧气源源不断地注入火焰中，加剧火势的蔓延，风把燃烧物质吹到新的燃料贮备上。有时火的温度相当高，火焰辐射的热量甚至能把一段距离以外的干燥物质都点燃。一旦火势发展到这种程度，火将会到处蔓延，蔓延到哪里根本无法预测。

黄石大火

1988年，黄石大火发生在美国黄石国家公园。闪电在干燥的季节会引发火灾，公园每年夏天都着火。从1972年到1987年总共发生235起火灾,所有这些火灾都是自然熄灭。

　　然而20世纪80年代的时候,由于一连串异常湿润的夏季天气,火灾发生得并不太频繁。最终,未燃烧的枯死植物堆积起来。到了1988年,春季依然十分潮湿,几乎没有火灾发生,直到6月份出现了严重的干旱天气,到了7月的第三个星期,许多地方相继爆发火灾。尽管官方竭力控制大火,但最终还是无能为力。8月20日是最严重的一天,大火燃烧了15万多英亩(6.07万公顷)的土地,大火一直熊熊燃烧到9月11日,当天,美国下的第一场雪压制了火势,但大火一直闷燃到11月份。到那时为止,大火已燃烧了差不多100万英亩(40万公顷)的土地,大约占公园面积的45%。

斑比效应

　　20世纪40年代生态学家正式指出像黄石公园这样的大火完全是天然形成的,该地区的动植物已适应于这种情况。一些地区的土地经营者十分小心地利用可控制的火,来烧掉死掉的植物,以促进新植物的生长。自1972年以来,在黄石一直有这样的一条政策:保证控制住自然火灾,但并不是要将其熄灭。

　　尽管这样,许多公民还是认为应该扑灭所有火灾,这完全是受到迪斯尼著名电影《小鹿斑比》的影响。它描述了火灾发生时一群惊恐的森林动物迅速逃离向前蔓延的火墙的场景。结果几十年以来,按照公众的要求,所有火灾都尽可能迅速地扑灭。死掉的或可燃的植物材料逐渐堆积起来。这样一旦发生火灾,这些堆积的燃料就会燃烧起来,这样的火灾一定是极度危急并难以控制。

　　这就是众所周知的"斑比效应",电影的描述使人误入歧途。鸟儿一般是远离火灾的，大多数的哺乳动物也有足够的时间逃离，爬行动物、两栖动物、昆虫和其他一些更小的动物可以在地下或木头下找到藏身之处。只有在地面或地面以上才能感觉到火的温度，在地表下四五厘米左右的地方，温度非常舒适，大火仅仅从地表上经过，不会停留在那里。事实上对于许多动物来说，原地不动比逃走更安全，因为捕获者会等待因恐惧而盲目逃跑的动物，从而将其捕获吞食。黄石公园大约有3.1万头美洲赤鹿，在1988年的火灾中约有250头由于吸入毒烟而死亡。显然，一些动物会死于火灾，但对于野生动物而言，火灾并不对其构成严重的威胁。

几年后，火灾破坏的地区可以完全恢复。1989年春天，黄石公园就有小树萌发，公园不仅在恢复，而且已经呈现出生机勃勃的景象。大火烧光了地面的植物，但地面却覆盖着一层灰烬。而这层灰烬恰恰是相当宝贵的肥料，第一场降雨将其冲入土壤中成为养料。

无法控制的大火

人们总是用火清除土地上的杂物，我们的史前祖先也利用火来围赶猎物。重复的燃烧会毁坏树木，但却有助于草和草本植物迅速生长。草和草本植物都不能没有阳光，在大火之后都会快速生长。不断增加的草场面积使食草动物苗壮成长，但同时却破坏了刚刚萌发的树苗，这就是有些草场在有了开阔的林区后，再在林区中形成草场的原因。

所有的大火都会污染空气，但只要在有限的地方燃烧而且在很短的时间内扑灭了火，那么污染就只会暂时性的波及当地。虽然火灾会让附近地区的人们感到不快，但大多数温和气候地区的火灾却很安全，因为通常几个小时后雨就会将火扑灭。但如果是在极度干旱的季节，火就不会这么容易熄灭了。

　　1997—1998年间发生了许多年以来最强烈的厄尔尼诺现象。在此期间，印度尼西亚经常出现旱灾（参见补充信息栏：厄尔尼诺）。1997年9月，当牧场主和伐木公司像每年一样点火清理废弃植物的时候，大火迅速蔓延，很快就已无法控制（参见补充信息栏：1997—1998年度亚洲大火）。大多数为清理森林而点燃的大火是出于商业树木种植和农牧提供土地的目的，而那一年伐木公司留下了大量的干枯木头，这给人们带来了更大的烦恼，因为它们引发的大火造成了半个世纪以来亚洲最严重的空气污染。

补充信息栏：厄尔尼诺

　　每隔2—7年的时间，赤道大部分地区、东南亚和南美洲西部地区的气候就会出现异常波动。一些地区变得干旱无雨，如印度尼西亚、巴布亚新几内亚、澳大利亚东部、南美洲东北部、非洲的合恩角、东非的马达加斯加，也包括南亚次大陆的北部地区。与此相反，如赤道太平洋的中东部地区、美国的加利福尼亚州和东南部地区、印度南部和斯里兰卡等地区则是暴雨成灾。这种天气的异常变化至少已经有5 000年的历史了。

　　在南半球，这种天气的异常变化主要发生在圣诞节到夏季之间。南美洲的西海岸地区原属干旱型气候，但每到此时却雨量激增。降雨虽然对庄稼有利，但当地的居民主要以捕鱼业为生，异常天气导致鱼群的数量急剧减少，使当地人蒙受了巨大的损失。在受其影响最严重的秘鲁，人们把这种现象与圣诞节联系起来，认为是圣婴降临带来的一种神奇力量，称它为"厄尔尼诺"（厄尔尼诺是西班牙语"圣婴"的音译）。

厄尔尼诺的出现与消失是一个名为"沃克环流"的大气环流圈变化的结果。它是1923年由英国人吉尔伯特·沃克爵士（1868—1958）首先发现的。沃克发现在太平洋西部的印度尼西亚附近有一个低压区，而在太平洋东部靠近南美洲附近则存在一个高压区。这样的分布有助于信风自东向西的流动，并带动赤道洋流也向同一方向流动，将大洋表层的暖流带向印度尼西亚并在这一地区形成暖池。暖池正适合产生上升气流，而从东边吹来的信风刚好从下层补充该地区气流上升后的空间，所以空气在低空是自东向西运动的。但在高空，气流则由西往东反向流动，至赤道太平洋东部较冷水域上空沉降，由此形成东西向的环流圈。这就是所谓的沃克环流。

然而在有些年份，情况会发生变化，出现西高压东低压的情况，信风由此减缓或停止，甚至有时会自西向东逆向运动。赤道洋流也随之减弱或改变方向，暖池中的海水开始向东流动，加大了南美洲沿岸暖流的深度，抑制了秘鲁寒流的上升，结果使该地区的鱼类和其他海洋生物无法获得寒流所携带的营养，数量减少。向南美移动的空气变暖，给南美洲带来大量的水汽，造成沿海地区暴雨成灾。这就是厄尔尼诺现象的发生。

有时候太平洋西部低压区的气压会进一步下降，而东部高压区的气压则升高。受其影响，信风和赤道洋流的流动速度加快，结果使南亚地区洪水泛滥而南美地区则是旱

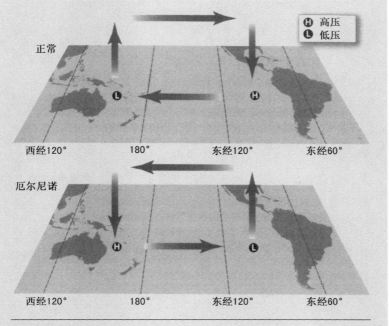

图42 厄尔尼诺
气压逆向分布使暖水向东流动。

灾严重。这种现象被称为拉尼娜现象。

气压分布的这种周期性变化被称为南方涛动,整个周期叫做厄尔尼诺—南方涛动(ENSO)。图42显示了厄尔尼诺现象。

补充信息栏:1997—1998年度亚洲大火

1997年9月中旬,在印度尼西亚的苏门答腊、加里曼丹以及爪哇的一小部分地区爆发了无法控制的大火。光化学烟雾和烟笼罩着马来西亚、新加坡、文莱、印度尼西亚和巴布亚-新几内亚的部分地区,烟雾还扩散到了泰国、香港和菲律宾,但程度不是十分严重。9月17日印度尼西亚环境部长萨尔沃诺·库苏马特马加考虑要将苏门答腊岛的港口伦盖特的4.5万人口全部转移,但是后来风向的改变使空气质量有了明显的改善。9月19日,官方宣布马来西亚沙捞越和印尼边境省份加里曼丹(两省都在婆罗洲岛上)进入紧急状态。9月20日,空气能见度很低,马六甲海峡上有2艘船相撞。图43标明受影响的地区。

当沙捞越省省会古晋的空气污染指数(API)达到635时,官方下令关闭了机场、学校和商店,并建议190万居民待在室内。一般来讲,空气污染指数大于500就意味着对

图43 1997—1998年灾难性大火发生在婆罗洲和苏门答腊

身体健康有极大的危害。到了9月23日,古晋的空气污染指数达到839,这可能是有记录以来全世界范围内最高的污染等级。在受损最严重的地区,呼吸污染空气的受害程度相当于每天吸80根香烟。

9月26日,在苏门答腊的棉兰,由于能见度低,一架大型客机在着陆时坠毁,机上234名乘客全部遇难。到9月底,大火已蔓延到马来西亚,烟雾也散播到了雅加达。

随着短暂雨季的来临，大火于11月熄灭，但1998年1月又复燃，并持续到5月份。4月12日婆罗洲的空气污染指数达到500，4月30日马来西亚官方宣布要在吉隆坡的摩天大楼顶部使用水管向下冲水，目的是为了冲洗空气中的烟雾。

1998年墨西哥也发生了难以控制的火灾，这次火灾也和厄尔尼诺干旱有关。火灾波及了约1 875平方英里（4 856平方公里）的土地，大火主要集中在该国的南部，但大火产生的浓烟弥散墨西哥城，后来又蔓延到美国南部地区。

即使没有厄尔尼诺现象，在干燥的天气里，大火也能迅速燃烧到无法控制的地步，进而转化为野火。例如，2002年1月，在澳大利亚的新南威尔士，灌木丛着火十分猖獗，烧毁了悉尼近郊近200所住宅，大火覆盖了约74万英亩（30万公顷）的土地。而澳大利亚有史以来最凶猛的野火是1983年2月16日爆发的，因为那天是基督日历上的圣灰星期三，所以那场火灾因此而得名，被称为"圣灰星期三火灾"（参见补充信息栏：圣灰星期三火灾）。

补充信息栏：圣灰星期三火灾

从1982年4月到1983年1月，澳大利亚东部地区天气持续干旱，到1983年2月，维多利亚和澳大利亚南部的土地都已干透，树木和草场极干易燃。在南半球，仲夏2月份十分炎热。2月16日，也就是基督日历的圣灰星期三，温度达到109.4℉（43℃）。风从西南方向刮来，平均风速达每小时30英里（50公里），大风有时甚至达到每小时60英里（100公里），并夹带着内陆沙漠的灰尘和极其干燥的空气。后来，就在那一天晚些的时候，冷锋经过该地区，风向变为西南方向。

当天下午约有180处灌木着火，大多数都聚集在维多利亚，少部分在南澳的阿得雷德山和该省东南部的农场。有些火灾发生是因电线在风中互相碰撞，将火花喷射到干燥的植物上。另外一些大火是在树木被风刮向电线时被点燃的，还有一些火灾就是人为点燃而引起的，许多导致火灾的原因至今都未查明。

大多数火灾在当天得到了控制，所有大火在两三天内都被扑灭。在维多利亚，大火燃烧了770多平方英里（1 995平方公里）的土地，相当于大都市墨尔本面积的两倍。在南澳，大火烧毁约614平方英里（1 590平方公里）的土地，总共有75人在大火中丧生，其中在维多利亚丧生的47人中包括12名志愿救火人员，其余的28人在澳大利亚南部丧生。受伤的人数成千上万，在南澳，受损住宅达几百所，在维多利亚则远远超过2 000所。

在加利福尼亚南部地区,野火十分普遍,给人们带来无尽的痛苦。近几年最严重的一次发生在1993年10月和11月,干燥的圣阿娜风将大火从山脉一直吹到洛杉矶盆地中,该地区三面环山,面积总计达7 000平方英里(1.813万平方公里)。大火燃烧了300多平方英里(777平方公里)的土地,在短短的10天里就烧毁了1 000多幢建筑物。

战争

战争也能导致大火。1991年伊拉克军队在海湾战争结束撤退时,放火点燃了科威特613口油井、储油罐及炼油厂,大火产生的大量黑烟覆盖波斯湾地区长达几个月的时间。

2001年9月11日是悲惨的一天,恐怖分子驾驶飞机冲撞美国世贸中心大厦,飞机、大厦以及飞机燃料燃烧产生了大量的烟云。尽管火势不太猛烈,但大火也持续燃烧数周之久。

火灾污染

科威特石油燃烧产生的烟遮住地面,导致空气温度下降了18℉(10℃),海面温度也相应下降。一旦烟都散去,温度又会恢复原值。

煤烟在沙漠上方停留,高度差不多延伸到370平方英里(958平方公里)的空中,大部分煤烟伴随着雨水从天而至。科学家们发现煤烟颗粒可作为云凝结核,促进云的形成,增加降雨量。

科威特大火散发的烟气不会对环境和当地人民的健康造成长期影响。自从2001年9月11日纽约遭到袭击以来,人们担心因建筑物倒塌进入空气中的石棉粉尘会对健康构成危害,尤其是对于急救服务人员和清理危害中心的人员危害更大。然而这种危害并非大火所致,因为大火只能形成短期的当地污染。

战争形成的大火通常很集中,所以不会造成严重的、传播面积大的空气污染。而野火的危害就相当大,它们的确会污染空气。

在1997—1998年印度尼西亚大火燃烧时,在占受损地区20%的泥炭沼泽里,由于泥炭没有充分燃烧(不完全的氧化反应)而释放了大量一氧化碳。大火释放的气体中还含有二氧化碳(CO_2)、甲烷(CH_4)、其他的碳氢化合物以及氮氧化物(NO_x)。这些气体在强光下反应生成一系列与光化学烟雾相关的化合物,其中包括臭氧(参见"光化学烟雾")。1998年的墨西哥大火使臭氧含量超过安全指标两倍多,该情况一直持续了一周的时间。学校让学生们留在室内,工厂减少了生产,并对交通也做了相应限制,这一切都是为了减少大火产生的烟雾而带来的影响。

人们应该能够降低这种污染的程度。在印度尼西亚大火期间,政府下令禁止用点火的方式清理土地。印尼总统苏哈托曾两次为大火给马来西亚和新加坡人民带来的不便表示歉意,希望此类情况不会重演。

许多国家都允许农场主和土地所有者用点火的方式清理土地,但这只能在特定的条件下进行。只有在火势失控的危险性最小的天气情况下,才可以这样做。如果风会把烟吹到有人居住的地区,也禁止点火。除非在火势蔓延到规定区域之外时,他们手头有设备能控制大火,否则他们也不能点火。如果点火造成了财产损失和人员伤亡,他们有责任进行赔偿,甚至有可能构成犯罪行为。如果所有的地方都能应用或强制执行这些规定的话,即使不可能完全预防所有的野火,但至少可以降低火灾带来的损失。

六

大气治理

污染与健康

在1997—1998年印度尼西亚和马来西亚的大火中,成千上万的人因为吸入浓烟而接受治疗,一些受害者甚至死去(参见"火灾污染")。据世界卫生组织(WHO)估计,每年大约有300万人死于空气污染,但这个估计数字并不准确。真实的数字应该是每个地区每年都在140万到160万人之间,一些地区空气污染导致的哮喘病人死亡占死亡人数的30%到40%,而导致其他呼吸道疾病患者死亡的人数占总数的20%到30%。空气污染确实能够置人于死地,在1952年到1962年的伦敦烟雾事件中,官方透露有4 700人死于空气污染,而真实的死亡人数远远超过4 700人(参见"浓雾:烟雾的雏形")。

污染并不只是气味难闻,它还会使人致病。世界卫生组织制定了标准,规定了五种污染物质的安全极限浓度：一氧化碳（CO）、铅（Pb）、二氧化氮（NO_2）、臭氧（O_3）和二氧化硫（SO_2）。像美国环境保护机构这样的国家环境机构，在计算本国污染物质限度时要参考世界卫生组织制定的标准。在该限度制定时必须要考虑到个体暴露在该污染物里的时间长短。在污染空气中呼吸时间越长，致病的概率就越大，所以制定的限度一定得小于较长时间的暴露值。

表3显示了世界卫生组织制定的标准。浓度的单位是微克每立方米，这是国际惯用单位；1微克每立方米=0.000 001盎司每立方英尺。年环境浓度是世界上任何一个地方在一年中的平均空气浓度。

以下这些物质都是分布最广但却不是仅有的污染物质。如果吸入氨水（NH_3）会对人体产生毒害，但它只在特定的地方释放，并且在空气中很快溶解或与空气中的酸，如二氧化硫反应（生成硫酸铵[$(NH_4)_2SO_4$]，一种有用的植物肥）。由于它具有强烈的刺激性气味，所以人们不可能长时间吸入足够的氨水对人体造成损害。硫化氢（H_2S）也是有毒物质，它也只在特定的地方释放，如在停滞不动的水或淤泥里，但释放量很小，所以不会造成伤害。它有种强烈的臭鸡蛋味，所以人们一闻到此气味很快就跑开了。

表3 世界卫生组织的空气污染标准

污染物质	年环境浓度微克每立方米	标准指导值微克每立方米	观察到的影响微克每立方米	时　间
一氧化碳	500—7 000	100 000	不适用	15分钟
		60 000		30分钟
		30 000		1小时

污染物质	年环境浓度 微克每立方米	标准指导值 微克每立方米	观察到的影响 微克每立方米	时　　间
		10 000		8小时
铅	0.01—2.0	0.5	不适用	1年
二氧化氮	10—150	200	365—565	1小时
		40		1年
臭　氧	10—100	120	不适用	8小时
二氧化硫	5—400	500	1 000	10分钟
		125	250	24小时
		50	100	1年

诠释标准

世界卫生组织的标准对政府制定工业废气和汽车废气可允许的排放限度十分有帮助,但首先必须要考虑到每种污染物质都只在特定地方释放的效果。换句话说,标准需要进一步的解释说明,使其转化为通俗易懂的形式。

环境保护机构(EPA)制定了空气质量指数(AQI),这一系列数字表示了与人类健康相关的空气质量,它是以国家环境空气质量标准(NAAQS)为基础的。以下列出了每种污染物质浓度的最大值,如果超过了这个标准,空气就对健康造成危害,释放限度的计算是根据空气中能够接受但不违背国家环境空气质量标准的污染物质最高量。当公司申请排除废气许可证时,环境管理者将计算周围空气在不违背国家环境空气质量标准的情况下能吸收多少废气,然后基于这个数字的基础上再制定其许可标准。

国家环境空气质量标准中包括的污染物质有一氧化碳（CO）、二氧化硫（SO_2）、二氧化氮（NO_2）、臭氧（O_3）和叫做PM10与PM2.5小颗粒。国家环境空气质量标准分别是：一氧化碳：8小时内10毫克每立方微米；二氧化硫：24时内365微克每立方微米；二氧化氮：未制定；臭氧：1小时内235微克每立方微米；PM10：24小时内150微克每立方微米；PM2.5，24小时内40微克每立方微米。铅没包含在内是因为含铅汽油是空气中铅的主要来源，而目前在美国和欧洲只销售无铅汽油。但由于其他一些国家仍然使用含铅汽油，所以世界卫生组织制定的标准涉及对铅的规定。

当计算特定地区的空气质量指数时，环境机构有责任检测每一种污染物质的实际浓度。他们在许多地方监测空气，测量出的最高浓度作为总量，然后将这些总量按照国家环境空气质量标准进行对比分析。该过程包括称量污染物质，然后给每种物质赋予一个简单的数值，所测出的任一污染物的最高值可作为该地区的空气质量指数。测量结果可以与标准空气质量指数表进行比较，其实这个计算过程相当复杂，原因是必须要考虑人们可能暴露于这种污染物质里的时间长短，然后减去它得到一个总的指数值。

如果颜色呈绿色，这说明空气清新，适合任何剧烈的户外运动。如果颜色呈黄色，大多数人是安全的，但由于臭氧的存在，一些人会出现轻微的呼吸困难。患有气喘病、心脏病或肺部疾病的人应避免剧烈运动，尤其是在邻近傍晚时更要注意。孩子们在这个时间段也应该多加注意。

如果颜色呈橘黄色，那么气喘、心脏病或肺病患者应避免在临近傍晚时做长时间运动,孩子们也应该安静地玩耍。

如果颜色呈红色,许多人都会感觉呼吸乏力或不适,户外锻炼最好在清晨和傍晚进行。

如果颜色呈紫色,空气对健康有害,大多数人感觉呼吸困难或不适。户外运动只能在清晨和傍晚进行。

如果颜色呈栗色,呼吸这种空气很危险,所有人都应该避免剧烈的户外运动。

表 4　空气质量指数

指　数	种　类	颜　色
0—50	良　好	绿
51—100	中　等	黄
101—150	对敏感人群健康有害	橘黄
151—200	对健康有害	红
201—300	对健康十分有害	紫
301—500	危　险	栗

空气污染会导致癌症吗?

除甲烷以外,国家环境空气质量标准里不包含其他的气体碳氢化合物。这些气体碳氢化合物主要是从汽车中排放出来,油漆和胶粘剂这样的溶剂中也会释放气体碳氢化合物,并使汽油和油漆具有特殊的气味。因为它们是有毒物质,所以令人感到烦恼。如苯(C_6H_6)和1,3丁二烯($CH_2:CH\cdot CH:CH_2$)能致癌,还有甲醛($HCHO$)、乙醛($CH_3\cdot CHO$)以及未燃烧的柴油燃料颗粒都可能致癌。生成光化学烟雾的反应也需要有碳氢化合物（参见"光化学烟雾"）。

　　一种污染物质可以致癌并不代表着空气中含有它时就一定能够导致癌症。致癌性是在实验室中通过检测该物质在培养组织和实验动物身上的影响，或是通过在实验室研究个体在大量该物质存在的环境里的健康情况记录而得出来的。不管使用以上哪种方法来确认污染物和致癌性之间的关联性，使用的剂量要比户外空气中的含量大。在人们活动的场所中，污染物的含量很低，但没人能够确定不会对人体产生任何影响的最高污染物含量。有证据显示即使空气污染真的能够致癌，效力也是很小的。

　　很难说癌症就与污染物有联系，因为"癌症"不仅是一种病，而是许多种不同的病，许多事情可能与癌症有联系。通常第一次吸入这种污染物质会引起对人体有伤害，这一伤害会导致癌症，紧接着第二次吸入混有其他物质的混合物，助长疾病发展。这个过程需要通过特定的方式重复无数次，即使疾病真的开始在体内蔓延，也可能过了好多年才出现明显症状。致病的复杂程序和病体的长期潜伏决定了找到致病根源的研究也是个漫长而艰巨的任务，而且这也只是找到问题答案的一个起点而已。

　　空气污染物质只有被吸入体内才能导致疾病产生。因为吸入污染物质而导致的癌症要么十分常见，如肺癌，要么就十分罕见。对于很普遍的疾病，几乎不可能区分是因少量污染物质导致的癌症还是因像工厂这样大量污染物质产生的影响而导致癌症。例如，吸烟是肺癌的主要成因，但烟草产生的烟也会影响到不吸烟者，这样就使衡量空气污染导致的细微影响究竟有多大变得十分困难。罕见的癌症由于发病概率小，很难与污染形成统计学上的关系，所以即使它们之间有联系也很难发现。苯会导致一种白血病，苯也是烟草中存在的一种致癌物质，所以它们之间的联系很容易找到。不吸烟者吸入的苯远远小于吸烟人群，所以苯在不吸烟人群中似乎与癌症没有联系，但这并不意味着它们之间就真的没有任何联系。由于有些疾病十分罕见，因此要想找到病因和疾病之间的联系十分复杂。每100万个人中有4到5人可能在70年的生命中感染这种白血病，可见概率之小，研究的困难之大。

与因吸烟和因职业原因接触的大量苯相比，空气中苯含量很小，因此人们因空气中苯含量而感染癌症的危险性似乎很小。矿物质燃料未充分燃烧而释放的气体中含有的致癌物也与苯相同，只有摄入量多时才会导致癌症，对于一般人而言，它的危险性很小。

总体上看，科学家已经统计出在美国的城市居民中，只有不到5%的肺癌病人是因空气污染所致，城市居民比乡村居民受到的污染更多。由于空气污染而患上某种罕见癌症的概率很小，所以根本无法检测。

其他污染物的影响

一氧化碳

血红蛋白是种染色剂，它使鲜血呈现红色。它与氧之间的亲和性很弱，这个特性使它在肺里能够吸收氧，成为氧合血红蛋白，而在氧浓度低的组织里又会释放吸收的氧，血红蛋白就以这种方式在体内输送氧。

但血红蛋白与二氧化碳之间却有很强的亲和性。当它吸收二氧化碳成为碳氧血红蛋白时，就形成了稳定的化合物，同时也丧失了输送氧的能力。这对心脏病人、胎儿和新生儿危害极大，但在室外，它很少能达到造成伤害的浓度。

一氧化碳在室内危害性就很大了。燃油和燃气用具在燃料未充分燃烧时会释放一氧化碳，这是由于燃料中的碳没有被完全氧化成二氧化碳（CO_2）所致。所以确保室内燃油、燃气用具由合格技术人员来进行正确维护是至关重要的。

一氧化碳无色无味，所以在不经意的时候，它很容易在封闭房间里存留。当浓度很高时，人会感觉头疼，四肢无力，神志不清。当人体血液中碳氧血红蛋白浓度达到30%时，人们就会出现上述症状；当浓度达到40%时，人会变得神志不清；到了60%的时候，如果不转移到有新鲜空气的地方，人就会失去知觉甚至死亡。苏醒过来的受害者通常可以完全恢复，不会留下任何后遗症。

臭氧

臭氧是种蓝白色气体，由电火花释放出来，带有强烈的刺激性气味。臭氧在浓度很低时就具有毒性，它能引起整个呼吸系统发炎，使人咳嗽、气喘，有时会导致胸痛。

有些人对臭氧十分敏感，尤其是有心脏和呼吸系统疾病的人或是哮喘病人，他们的处境更危险。做剧烈运动的人也会受到严重伤害，因为臭氧在浓度很低时就能导致人们呼吸困难。

二氧化氮和二氧化硫

以下这些气体会引起呼吸系统组织发炎：二氧化氮（NO_2）是难溶性气体，但它可以通过氧化表面分子来破坏表面组织，但是在其浓度比普通空气中二氧化氮的浓度高很多时才会导致呼吸困难。如果污染十分严重,二氧化氮含量超过了565微克每立方微米,对哮喘病人和5岁以下的儿童有危险。

如果年轻人长时间暴露在低浓度的二氧化氮下,肺部会受到损伤,这种损害在他们老年时会变得更加明显,但这点并不十分确定。

暴露于二氧化硫中仅几分钟就会阻塞呼吸道,尤其是哮喘病人对它十分敏感,运动锻炼还会加剧伤害的程度。长时间暴露于二氧化硫中会导致肺部内膜加厚,使黏液在肺内积累起来。

铅

四乙基铅[Pb(C_2H_5)$_4$]以前被用来添加到汽油里增加汽油抗震性。铅存留在发动机的废气里,以小颗粒的形式随着废气进入空气。一旦人们吸入这些颗粒,它们就深入肺部,然后从肺部进入血液中。作为重金属,气体中的铅会存留在近地面,尤其容易在封闭区域存留,如城市街道中。

许多年以前,科学家们就获悉铅和铅化合物在剂量大时毒性很强。它们会损伤人体的免疫系统、血液、大脑、神经、肾脏和生殖器官。空气中铅含量很小时产生的影响很难查明,但最终还是可以确定它可以导致以下后果产生:它会损伤儿童大脑功能,使中年人血压升高。大多数国家已经逐步停止在汽油中使用四乙基铅成分,这样就消除了铅的主要污染源,但最初,铅对健康的影响并不是禁止使用铅的主要原因,而是由于铅能够破坏汽车排气系统催化转换器中的催化剂,如果废气里含有铅,催化转换器就停止工作,也就不能排除其他的污染物质。

燃烧老式铅酸电池(如汽车电池)的铅厂和铅冶炼厂所排放的污物中也含有铅,被铅污染了的废汽油里也含有铅。这两种途径释放的铅量很少,所以根本不被列在需要严格控制的污染问题之列。

微小颗粒

现在人们认为微小颗粒是最严重的空气污染物质之一。呼吸被微小颗粒污染的空气与呼吸浓烟草烟同样有害。

它们造成的危害已被充分证实。对几个不同城市大量人员的研究表明,随着空气中微小颗粒含量的增加,因心脏病和肺病导致的死亡人数会有所增加,给人印象最深的研究是将50万名16岁以上死者身亡原因与空气污染数据作以比较。研究者认为他们的死亡原因也会受到吸烟、过度肥胖和饮食的影响,但同时也和人们居住的地方有关。他们发现1立方米空气中微小颗粒质量增加1毫克,死于心脏病和肺部疾病的人数就会增加6%,死于肺癌的人数就会增加8%。在洛杉矶,微小颗粒的危险最高,1999年和2000年平均含量达每立方微米20微克,芝加哥位居第二,浓度是每立方微米18微克,纽约排在第三位,含量是每立方微米16微克。由于与煤矿和其他污染源更近,一些小城镇浓度值甚至会更高,然而接下来的调查显示在应用计算机程序处理统计数字时有所疏忽,数字几乎比实际水平高一倍,所以微小颗粒的危害比最初预计要小得多。

"微小"颗粒到底有多小呢?首先人们认为直径在2.5微米和10微米之间的颗粒会造成危害,25个直径10微米的颗粒加在一起才与一根头发的直径相等。这些颗粒叫做PM10;PM代表"颗粒物质",它们以烟、灰尘、花粉、真菌以及细菌孢子的形式进入空气,在空气中存留几个小时,能够传播30英里(50公里)。一旦吸入,它们通过呼吸道进入肺里,引发病症。

直径小于2.5微米的颗粒叫做PM2.5，这种粒子现在被证实危害更大。它们还不及头发丝的1%，这就决定了它们可以在空气中存留时间更长——数天或数周——也可以传播到几百英里以外的距离。它们能进入肺部深处，并渗透到最小最纤细的肺部组织中，其成分决定了它们会造成更大的危害。它们通常由金属颗粒组成，尤其是有毒的重金属，还包括有机化合物，其中一些是致癌性的。

有益健康的空气

有时还有一些其他物质也能污染空气，尤其是在封闭的空间里。在室外通常有氨水和硫化氢这样的污染物质，但除此以外，还有诸如氡和石棉等一些其他的物质。

氡是放射性气体，是镭-226发生放射性衰变的天然产物，从土壤中进入到空气中，人体所受的放射性影响大部分是氡造成的。如果它在空气中积聚，就会导致癌症，同样，如果在门窗紧闭的屋子里吸入氡就能产生这种后果。墙和地板密封就能阻挡氡从地下进入室内。石棉纤维能损伤肺部组织，但只有在拆除地点接触石棉的工人们才有可能受到其伤害。

我们通常认为空气污染都在室外，其实最严重的污染发生在室内。室内空气中的污染物质进入人体肺部的可能性比室外大1 000倍。在美国，PM10的最高限度被设定为每立方微米150微克；但在许多发展中国家，由于人们生活十分贫苦，他们通过燃烧木头、草、剩余农作物秸秆和牛粪来取暖、做饭，而通常室内没有安装烟囱排烟，这样PM10的浓度可达每立方微米1万微克。据世界卫生组织估计，大约有20亿人正过着这样的生活。

这并不是说室外空气污染不会对人体造成伤害。在大多数工业国家，空气污染等级在过去的几十年里已经明显减小，而且政府和企业正在努力进一步降低污染。我们一定要充满希望，付出的这些努力一定会带来成功！如果真的减少了污染，公民健康就会有所改善，为疾病付出的代价——医疗费用、损失的工作时间和疾病带来的痛苦折磨——就会减少。

俘获污染物

一旦污染物质进入空气中，就很难找到行之有效的办法将它排除，最终还是得靠大气自身进行清洁。一些天然化学反应能将污染物质转化为无害物质，其他一些污染物质落在地球表面并吸附在地表上或是被雨、雪冲刷到地面。污染气体和颗粒一般在空气中停留的时间不会超过几个小时。

不幸的是这对我们似乎没什么帮助，尽管它们存留时间很短，但这段时间足以造成危害，而且工厂、家庭、汽车和卡车排放污染物质几乎与大气清除它们的速度一样快。如果人们想享受更加清洁的空气，首要的一步就是阻止污染物进入空气中，我们一定要在它们逃逸到空气中以前就将其俘获。

这就是控制污染的途径。我们可以采用科技装置来模仿天然的大气清洁过程，但这只适用于没有遗留污染源的空气。现在我们有了更加有效的新型控制装置，许多工厂充分利用它们来清洁工厂和产品的释放物。同样人们还制定强制性的释放限度来强迫不情愿的竞争者安装污染控制设备,这样才能提高空气质量,并且还能确保一些不负责任的企业不会因节省污染控制成本而获得商业利益,释放限度为企业竞争提供了公正的竞争环境。

清洁汽油

一辆汽车不会造成太大的污染,问题是所有汽车加在一起就会造成巨大的污染,污染的首要源头就是汽车使用的燃料。

汽油蒸发将碳氢化合物释放到空气中,并使汽油产生独特的气味,燃料越热,蒸发的速度越快,进入空气中的数量就越多,这样既造成了污染,又浪费了燃料。

油箱加满时蒸发就会开始进行,随着燃料的添加,油箱内的蒸气被挤出,甚至在油箱关闭的时候,燃料蒸气也能溢出。油箱必须保持通风,便于燃料自由流出。在炎热的天气里,汽车即使不启动,蒸气也会从油箱口漏出。

生产商们通过安装储存罐系统降低了这种损耗。油箱口和发动机的漏烟口被遮盖,蒸气只能流向管子,之后再流向储存罐并在那里存留。当汽车发动时,蒸汽又流回发动机继续燃烧。

汽油本身也在发生变化。燃料的挥发性已被严格限定,苯含量也有所减少。降低挥发性减少了由蒸发造成的损失,苯含量的减少使最有害的碳氢化合物释放量相应降低(参见"污染与健康")。自2000年以来,美国污染最严重的那些城市中销售的汽油比1995年市面上汽油释放的碳氢化合物减少了20%。1993年,人们对燃料中硫含量做出限定是为了减少二氧化硫的排放,1996年初含铅汽油就已禁止销售。

催化转换器

大多数汽车是通过排气系统排放废气。现在有种叫做三功能催化转换器的装置能够减少排放量,在大多数国家,所有汽车都要定期检测,以确定汽车安全驾驶而且确定转换器正常。为什么叫做三功能催化转换器呢?因为它可以减少三种物质的排放:一氧化碳、挥发性有机物(碳氢化合物)和氮氧化物。另外,它之所以叫催化转换器是因为在转换过程中用到了加速化学反应、但反应后保持不变的催化剂。

催化转换器看上去就是一个围在排气管周围的箱子,位于发动机和消声器之间。如图44所示,它有两个分隔室,每个分隔室里都填充一个含催化剂的陶瓷蜂房结构。

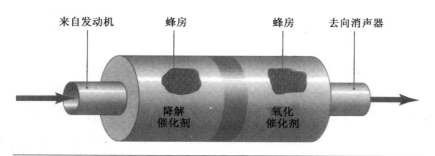

图44　三功能催化转换器

发动机内的废气进入第一个腔室内,这里含有降解催化剂铂和钯,当气体通过蜂房时会遇到催化剂,这些降解催化剂可减少氧化亚氮(NO)和二氧化氮(NO_2)的含量,生成氮气和氧气:

$$2NO \rightarrow N_2+O_2$$

$$2NO_2 \rightarrow N_2+2O_2$$

然后气体进入第二个腔室,这里有氧化催化剂铂和钯,这些催化剂能够氧化一氧化碳(CO)和二氧化碳(CO_2),利用废气里的氧气使未燃烧的碳氢化合物燃烧。

废气里氧气的含量取决于燃料数量与发动机涡轮中填充的空气数量之比。安装在发动机与催化转换器之间的传感器负责监测氧气浓度,并将信息传给发动机电脑。电脑则负责调节燃料—空气比率,确保给进行氧化的腔室提供足够氧气,同时使发动机更有效地燃烧燃料。

净化器和过滤器

工厂也释放污染性气体,二氧化硫(SO_2)是其中最主要的污染气体。当含硫的矿物质燃烧就会产生它,煤也是含硫较多的燃料。排除二氧化硫的过程叫做烟气脱硫(FGD),其装置主要有两种:湿净化器和干净化器,全世界的燃煤工厂和发电厂都应用这两种装置。

湿净化器的应用最为普遍。它的原理是将能与二氧化硫反应的含水和石灰的泥浆混合液注入容器内,让烟气从中通过。在一些净化器中,泥浆经喷管进入塔里,而在另一些净化器中,要么是泥浆通过有孔的金属板涌入,要么是让泥浆从填充室内物质的顶部注入。烟气经过泥浆,二氧化硫与石灰石(碳酸钙,$CaCO_3$)反应生成硫酸钙($CaSO_4$)。无论是在净化器中还是分离的腔室内,注入空气都是为了使多余的亚硫酸钙($CaSO_3$)氧化而将其清除。泥浆里的水与亚硫酸钙反应生成硫酸钙水合物或石膏($CaSO_4 \cdot 2H_2O$)。整个反应如以下公式所示：

$$SO_2 + CaCO_3 + 1/2O_2 + 2H_2O \rightarrow CaSO_4 \cdot 2H_2O + CO_2$$

石膏可以作为商品销售，用于建筑工业，反应过程中的废水一定要在排出或重复利用前进行净化处理。

其他的湿净化器则利用不同的原料，其中包括飞尘、熔炉里的细小微粒灰末、海水、氨水（NH_3）、氢氧化钠（$NaOH$）、碳酸钠（Na_2CO_3）、氢氧化钾（KOH）和氢氧化镁［$Mg(OH)_2$］。湿净化器能够去除烟气中99%的硫。

干净化器利用相同的反应，但不产生废水，干净化器是第二个应用最普遍的烟气脱硫装置。微小的石灰浆［氢氧化钙，$Ca(OH)_2$］液滴，由于其外表原因，它也叫做石灰乳，石灰浆被注入反应室，高温烟气进入反应室，石灰乳蒸发，蒸发需要约10秒钟的时间，在此期间石灰石与二氧化硫（SO_2）、三氧化硫（SO_3）、盐酸（HCl）及其他酸进行反应，反应生成由硫酸钙、亚硫酸钙和未反应的石灰组成的粉末状混合物，这就是硫被消除和再次利用的过程。

干净化器能够去除烟气中90%的硫，在理想状况下能够去除95%的硫。

过滤器

气流中的固体颗粒可以被过滤掉，应用的过滤器与室内真空吸尘器、滚筒式烘干机或空调设备中的过滤器基本相同，但它必须能耐住工业环境里的高温。

袋滤器的应用最为普遍，顾名思义，袋滤器是个圆筒状袋子，一端开口并系在排气管尾部，长度可达30英尺（9米），宽3英尺（1

米）。一些过滤器只是很简易地固定在管子的尾部——也可能被仅仅绑在那里；其他一些过滤器在出口处安装了与排气管恰好吻合的环状物，在碳钢或不锈钢套里也装有一些袋子，这个套是连接在排气管尾部的。

过滤器是由一系列原料制成，最普遍的原料有涤纶毡和聚丙烯毡，其他的有尼龙、聚丙烯织物、帆布、斜纹棉布、法兰绒和军用帆布，有时也用到特富龙。

影响原料选择的因素有两个：网的尺寸和气体的温度。显然，网的尺寸决定过滤器俘获的颗粒大小，现代使用的过滤器能够滤出相当于网尺寸大小99%甚至更大一点的颗粒。

像棉布这样的天然过滤器在温度高于195℉（90℃）时就不能使用。温度在390℉（200℃）以上时不能用尼龙做原料，玻璃过滤器中加入石墨或加上硅保护层之后会增加其耐性，有时能够经受住500℉（260℃）的高温。

静电沉淀器

从流动的气体里清除颗粒还有另一种途径，就是利用异性相吸原理。

在你梳头的时候，头发会不会噼啪作响并向梳子靠近？这是静电作用（参见补充信息栏：静电）引起的，静电很容易产生。吹一个玩具气球，在毛衣上朝同一个方向反复磨几下，然后轻轻地把气球放在墙上，你会发现它能粘在墙上。当气球在毛衣粗糙的质地上摩擦时，气球表面原子里的电子就会脱离表面，使得气球表面呈正电性，把气球贴在墙上，它会吸引墙面原子中的电子，但这些原子又不放走电子,所以,气球原子与墙面原子共同分享电子,这就是为什么气球能够粘在墙上的原因。同理,梳头时,梳子俘获了头发中的电子,使梳子带正电性,头发呈负电性。如果身体获得静电荷——当你穿着皮鞋在羊毛毡或尼龙毯上拖着脚来回走动时就有静电荷产生——当你触摸金属物体时,静电荷就被释放。电荷电性很强,有时能产生火花,有时会让你轻微触电。

补充信息栏:静 电

电流是由电子和穿过传导介质的带负电的颗粒组成,这个传导介质叫做导体。电流的运动很像水波,就如同池塘表面水分子随着波浪运动一样,每个电子都运动缓慢,只移动很小的距离,但导体中电子的运动可以传递到邻近的电子上,电子之间就会互相排斥。因此,如果导体的一端含有过量电子,相互排斥的作用就会使电子沿导体前进,这就叫做静电排斥,也就是在静电作用下产生使电子运动的力。

然而,如果电子均匀地分布于整个导体,且导体原子核里质子上的正电荷与之相等,那么导体上的所有电子都会处于静止状态,因为没有静电力的驱使,也就不会有电流产生。

一个导体上的所有电子都可能处于静止状态,导体本身可能是绝缘的,然而另一个导体很可能多少会携带电子,在这种情况下,虽然两个导体自身都没有静电力产生,但两个导体间却有静电力。因为两者之间没有接触，电子就不能从一个导体流向另一个导体，所以这时的电流是静止的，被称为静电。

如果两个导体之间的电极差值高到一定程度，并且两个导体彼此距离很近，电子就会克服分隔两个导体的介质阻力，在两个导体之间来回的运动，在空气中产生的结果就是出现火花，闪电就是大自然中最显著的一个例子。

这就是静电沉淀器应用的原理，具体过程如图45所示。气体或空气进入装置时会穿过一些电线，这些电线与电流方向呈直角，被称为电极线，承载着几千伏的电流。巨大的电流使得电线向周围空气放电，所以每根电线周围都有个静电区，叫做放电光环，图中该光环用圆面表示。但事实上它们包围在电线周围，形状呈圆柱形。在大多数工业沉淀器中，气体在电线周围可停留一秒多的时间。这使光环里的电子有足够的时间吸附在气体中的颗粒上——事实上，这个过程的时间还不到1/10秒，这时，颗粒因为携带了电子而呈负电性。

然而静电沉淀器却有一个缺点。电线周围的强力磁场也会破坏双氧分子里两个原子间的键（$O_2 \rightarrow O+O$），生成的单个原子，吸附于其他氧分子上形成臭氧（$O+O_2 \rightarrow O_3$）。臭氧很快再次分解，这在工厂里不会造成任何问题，但位于办公室或公寓楼中静电沉淀器周围的空气却会受到污染，而且这些地方离人们很近。臭氧这种物质毒性

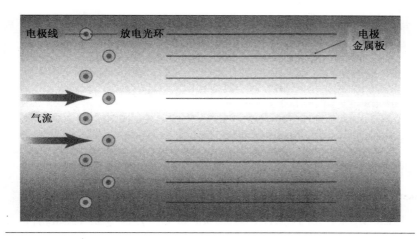

图45　静电沉淀器

很强（参见"污染与健康"），以这种方式污染空气的危险性主要限制了工业中使用这些装置。

在静电沉淀器的第二部分中，带电气体携带带电的颗粒流过连接了地线的电极金属板，这样，电流就能够从中通过。金属板吸引带电颗粒，一段时间后，金属板上就会盖满一层灰尘。机器运动有规律地拍打金属板将灰尘抖掉，落入沉淀器底下的容器里，然后被清除掉。

气体离开沉淀器并带走灰尘颗粒，有效装置可以排除几乎95%的尺寸在0.000 004英寸到0.000 4英寸（0.01到10微米）之间的颗粒。这一效率很高，燃煤锅炉和工厂通常会产生大量粉尘，静电沉淀器能够有效清洁那些燃煤锅炉和工厂排出的空气，它们还能俘获螨虫、原生动物以及矿物质颗粒，但却不能俘获细菌或病毒。

有时家庭用的小型沉淀器效率相对小些。这是因为没有机器进行有规律的拍打，必须要手工清理，这就不能够保证颗粒在光环周围停留足够长的时间进行完全充电，而且生成的臭氧还有可能给对臭氧十分敏感的人造成呼吸困难。

意外污染

大多数污染物质都是反应中不可避免要生成的副产品，还有一些污染物质是偶尔被意外释放出的。

工厂里的火释放了大量的黑烟，但与黑烟混合在一起的还有一些工厂原料生成的物质，毒性很强。许多应用于塑料工业的有机化合物都含有氯，如果是以氯气的形式释放，当地居民一定得从该地区转移。氯气是淡黄色气体，密度比空气大，所以它沉降于地表，在第一次世界大战期间曾被作为毒气用于战争。

燃烧的塑料也能释放碳基氯（Cl_2CO）。这是一种无色有毒气体，在第一次世界大战期间也用于战争，叫做光气。

含氯的有机化合物燃烧时也会生成二恶英（二氧苣），最严重的一次二恶英污染事件是1976年7月发生在意大利米兰附近塞维索的那次污染，生产除草剂2，4，5-T的工厂爆炸生成巨大的气体云，气体云已经被二恶英严重污染。700多名居民必须从村子撤离，600多头家畜遇难，方圆5英里（8公里）以内的所有植被都被清除或烧掉。虽然没有人员死亡，但严重接触二恶英的人们都得了氯痤疮，一种令人痛苦的皮肤病。人们认为长期接触低浓度的二恶英也会致癌，所以所有工厂都禁止释放二恶英。

世界上有史以来最严重的空气污染并不含有二恶英，而是异氰酸甲酯（MIC）。这是某些农药生产的中间产物，联合碳化物印度分公司在印度博帕尔城市的北部工厂就生产异氰酸甲酯，它的毒性极强。

就在1984年11月23日那天晚上，大水冲进造成异氰酸甲酯污染的工厂仓库，就此引发了化学反应，释放出异氰酸甲酯。工人们大约在晚上11：30第一次探测到泄漏，当时人们感觉眼睛开始出现刺痛，他们通知了上级督管人员，但泄漏还是持续了2个小时。这时，泄漏的气体约有40英吨（36吨），充斥在附近的居民区中，当时人们仍在睡梦之中。

异氰酸甲酯的重量约是空气的两倍，所以只在近地面流动，它沿顺风方向传播了约5英里（8公里），至少造成了3 000人死亡，成千上万的人受到毒害，许多幸存者都留下了慢性病，主要影响到眼睛、肌肉、肺和呼吸系统、消化系统、精神系统，还有的患上了心理障碍。

意外污染都被看做紧急事件来进行处理。根据事故的范围和性质，可能建议人们危险结束之前待在室内或转移到其他地方。然而有时就像塞维索和博帕尔这两次事件那样，污染发生的速度极快，意外的工业事故会导致大量人员伤亡。

所幸这样的事情很少见。大多数的意外空气污染只持续很短的时间——空气本身有强大的自身清洁能力——而且，事故的原因很快就能找到并加以补救。为数不多的几次严重事故也会给人们留下教训，如塞维索事件就使塞维索指令一建立起来，成为适用于欧盟所有成员国的一条法律。它要求厂主必须向当地人民、当地官方以及紧急服务机构汇报工厂内储存的化学物质，这就使我们可以采取适当的防御措施，强制实行控制措施，并对工厂内部状况进行监控。

如果人们吸取了这些教训，那么每次都能确保类似的事故以后不再发生。当然我们不能确定以后不会有另一个塞维索或博帕尔事件发生，但可能性应该不太大。一旦我们知道事故起因，事故就能够得到预防。

　　普通气体的释放而导致的污染程度不那么剧烈，但却更难以预防。想排除外部空气的污染物质是根本不可能的，但在废气排出之前就把污染物质从中去除是可能的，而且十分有效，只是费用很昂贵。但这些钱值得花，因为控制装置的生产、营销、安装和维护都能提供就业机会，同时会使国家经济更加繁荣。

　　还有另一个方式：就是首先要避免产生污染物质。这要有更加先进的方法，有时需要彻底改进我们现有的技术，但这也是研究者们一直寻找的方向。

新型汽车

　　污染是低效率和浪费的表现。从污染物里提取到的有用物质也可以被利用，也会有商业市场。如果每一份燃料或原材料都得到更好的利用，燃料使用效率得到提高后也会降低污染。

　　汽车制造商们在提高燃料的使用效率上已经取得了很大的进步。过去，家庭汽车的平均时速在40英里（64公里），最高可达每小时50英里（80公里）。每行驶15英里消耗1加仑（约合3.7升）的燃料（约合4英里或6公里消耗1升）。现在家庭轿车平均时速可达50英里（80公里），最高时速可达90英里（145公里），而1加仑的汽油可行驶约37英里（9.8英里或15.7公里消耗1升）。现在的车比以前更加舒适和安全。因为消耗的燃料少，污染小，所以车辆的使用效率也更高。虽然出现交通拥堵时汽车会造成严重的污染，但同样数量的车在20世纪的30至40年代间造成的污染更严重。

使用更清洁的燃料也助于降低污染。使用石油液化气的发动机同使用汽油的发动机除贮存系统外其他方面极为相似。石油液化气是丙烷（C_3H_8）和丁烷（C_4H_{10}）的混合气体，丙烷和丁烷产自天然气田，是石油提纯的副产品。石油液化气比汽油更清洁，它在加油站通过类似汽油泵的装置送出，并以高压液体形式贮存在车辆里。现在许多公司都拥有大量使用石油液化气的汽车和运货车。

天然气也比汽油清洁，可用作汽车燃料。但是天然气的存储却是个难题。天然气中92%是甲烷（CH_4），甲烷不易液化，所以必须以200倍大气压下的气体或是-310℉（-190℃）的液体形式贮存。天然气常用于一些大型卡车和公共汽车。考虑到燃料箱的体积和重量，天然气对于私人汽车而言是不实用的。

无论是汽油内燃机还是柴油内燃机的效率都已接近最高限度，提升的空间已经十分有限。这对汽车、卡车、公共汽车和火车机车都产生了影响。铁路系统的电气化既解决了运输的问题，又提高了效率。装有电力发动机的火车比柴油发动机可靠性更高。火车的电力来自铺设于铁轨上方或侧边的电线，电力由中央发电站输送，且几乎没有任何污染。火车能实行电气化是因为火车依赖于有限的固定铁轨。那些行驶于城市里的有轨电车也可以用同样的方式电气化，但是对于私人汽车和卡车来说就要难得多，而且成本也高。

飞机的喷气发动机也消耗大量的燃料，排放的气体同内燃机相同，这种发动机效率的提高也是有限的。

生产商们还在努力地寻找新的方式应对发动机效率提高接近饱和的局限。他们试图重新设计汽车的发动机。有的人甚至把目光投向飞机运输，重新开发和利用那些被认为早已过时的技术。

电力发动机

电力发动机在所有的发动机中污染最小。它们运行时没有任何排放物。评论家指出这是因为污染主要集中在为其提供电力的发电厂周围，但是这种说法也不十分准确。因为像发电站这样的大型工厂的排放量是能够控制的。发电厂每生产一个单位的能量所产生的污染微乎其微，而且这种污染也在不断地降低。发电厂产生的电能为成千上万的机车提供电力。如果这些车靠燃料来驱动的话，即便是燃料发挥了最大的功率，每辆车仍会有一定的排放物。这些排放物加在一起要比一个发电厂造成的污染多得多。

更重要的是电动汽车在市中心、居民区和高速公路附近不会产生任何污染，即便是将发电厂造成的污染考虑在内也不会危及人类健康（发电厂一般都位于远离住宅、学校和商店的地方）。

电动汽车的另一个优点是噪音小。在一些国家，如英国，几十年来一直用电动汽车送牛奶，人们称它为"送奶的马车"。这种车行驶时的速度可达每小时10英里（16公里），经过每家时只有轻微的"呼呼"声。不过顾客们不知道这种车的行驶路程非常短，送完牛奶后需回到附近的奶站花一整天的时间来充电。将电力作为动力似乎是个不错的主意，但遗憾的是有一个非常棘手的难题：电力的贮存。电池是唯一可以储存电能的装置。它们将化学能转化为电能。普通的汽车电池通常含铅和硫酸，但这种电池相对于它们能提供的电能而言过重，因而不适合用在电动汽车上。镍-镉、镍-金属氢化物及锂离子电池则更可取。

尽管如此，电池还是占据了极大的空间和体重而且须经常充电。目前市场上销售的电动汽车多是由法国标致和雪铁龙汽车公司制造的。它们每行驶50英里（80公里）左右时就需充电，而且它们的最高时速也只能达到56英里（90公里）。尽管其他的生产商们也在寻求提高电动汽车性能的方法，但目前为止送奶似乎仍是电动汽车的最佳用途。

环保混合动力车

尽管电动汽车有许多缺点，但这并不意味着汽车不能用电来驱动。我们要做的是如何寻找更多的能源和更好的方法为电池充电。混合动力车的出现就是一种尝试。

混合动力车很受汽车生产商们的欢迎，它运用了两种或两种以上已经成熟的技术。混合动力车有望得到迅速的发展并带来确实的利益。

如果发动机的速度保持恒定，那么任何发动机都会十分高效。恒速运转的发动机不需要额外的动力来加速，减速时也不会浪费任何能量。然而日常的轿车、公共汽车或是卡车发动机的情形远非如此。它们的速度总是在不断地变化。汽车行驶必须要有一个从静止状态加速到中等速度的过程。在车辆中穿行时，汽车也得不时地加速、减速，有交通信号灯时要停止，然后再启动。离开城市的限速区后又以更高的速度行驶。如此频繁的变化会让发动机消耗更多的燃料。由于这样的发动机要比恒速运转的发动机动力更强,因而消耗的燃料也更多。

混合动力车装有一个小型的常规发动机,输出的功率是同等大小汽车发动机功率的1/10—1/4。匀速行驶时,每行驶60英里消耗1加仑的燃料（15.8英里或9.8公里消耗1升）。混合动力车是一种电池电力车。车内装备的发电机可以为电池充电,电池又为电动机提供电力。

混合动力车有两种配置方式。串联的混合动力车使用内燃机为发电机提供动力,发电机为电池充电,电池为电动机提供动力,电动机带动车轮运转。汽车的推进系统完全是电动的。并联的混合动力车里,内燃机和电动机都与汽车的传动轴相连。发电机被取消了,因为当汽车从内燃机那里获得能量时,传动轴带动电动机旋转但不用从电动机那里获得能量。这时电动机的作用就相当于发电机,并且也能为电池充电。并联的混合动力车既可用内燃机也可用电动机驱动,或者两者共同使用为汽车提供动力。

同纯粹以电力驱动的车相比,串联混合动力车体积更大,但其他方面的性能相同。它的车速不能太快,爬坡也有难度,而且加速慢,但是它的燃料效能高。并联的混合动力车不太省油,但其他方面同传统的车相似,例如可以爬坡、快速和提速等。

飞轮

电池也许是电能的唯一储存方式,但却不是能量储存的唯一方式。飞轮也可用来贮存能量。飞轮车也是一种混合动力车,它结合了两种技术。

就像陀螺仪一样，飞轮的大部分质量都集中在轮圈周围。如果给飞轮一定的能量让其高速旋转，那么在轮圈的惯性作用下，它可保持长时间旋转并为飞轮注入更多的能量。

　　飞轮车的发动机可以是普通的内燃机也可以是燃气轮机。燃气轮机同喷气式发动机相仿，但体积更小而且使用无铅汽油。催化式排气净化器（参见"俘获污染物"）可将排放物减少到接近零。燃气轮机驱动电力发动机，同时为行驶中的汽车提供动力。发动机产生的电维持飞轮的旋转速度，飞轮也能带动发电机。通常这样的汽车装有两个普通的12伏汽车电池。

　　飞轮安装在平衡环上，这样它就可以自由旋转同时也不影响汽车的行驶。平衡环被内置在一个局部真空的容器内。真空环境可以减少飞轮的气动阻力，因为阻力能使飞轮减速，附带的摩擦也会产生热量。飞轮的安全壳可以抵挡住飞轮损坏时的碎片向外飞出的力。

　　飞轮在燃气轮机的驱动下从静止到最高速度只需两分钟。一旦加速，飞轮可以连续旋转几个星期甚至几个月。

　　汽车点火时，飞轮就启动了燃气轮机。汽车加速时飞轮将能量传到车轮；踩下刹车，汽车就可以减速，此时车轮上的能量又传回飞轮用于加速。这就表明发动机可以很小，并可保持匀速运转，而这正是发动机最有效的工作方式。飞轮车的发动机要为汽车行驶提供能量并为飞轮提供动力就必须做到体积小并可保持匀速运转，这两点是保证发动机有效运行的关键。

燃料电池

混合动力车通过持续为电池充电克服了电池的一大缺陷，飞轮则完全摈弃了电池,以截然不同的方式储存能量。除此之外还有第三种途径:摒弃传统的电池和内燃机,用完全不同的方法——燃料电池——产生电能。

燃料电池之所以被称作"燃料"是因为它只消耗燃料,无需充电。之所以叫"电池"是因为它是个封闭的装置。同传统电池一样,燃料电池也是将化学能转化为电能,人们往往将单个的燃料电池聚集成电池组以便为汽车和货车提供足够的能量。

燃料电池的一端通过加压注入氢气(H_2),另一端则注入空气。氢与催化剂(催化剂是一种可以帮助或加速化学反应而自身性质不发生变化的物质)接触,催化剂从氢原子中分离出电子(e^-),留下原子核。氢核中只剩下一个质子,即$H_2 \rightarrow 2H^+ + 2e^-$。

电解膜把电池分为两部分,氢质子可以通过这层膜电子却不能,它必须由外部的电路移走。在膜的另一端,空气中的氧分子(O_2)也同催化剂接触并被分解成带有负电荷的氧原子($O_2 \rightarrow 2O^-$)。质子同氧结合成水($2H^+ + O^- \rightarrow H_2O$),水就是唯一的废物。(参见补充信息栏:燃料电池)

以上是燃料电池的工作原理,实际情况并非如此简单,因为必须要有氢来源。氢气可提供氢来源,它以高压气体或-423℉(-253℃)的液体形式储存。但是这两种方式都不大可取,工程师们正致力于开发一种新的储存氢气的方法:将氢气贮存于某种物质中,需要时再排出。金属氢化物就是金属合金吸收了自身重量的2%的氢气后形成的混合物,需要时只需加热就可释放出氢。

目前,燃料电池的燃料多含氢,如天然气、甲醇、乙醇、石油液化气甚至汽油。燃料经过转化器排出氢气,氢气被注入燃料电池,剩余物被排出。当然排出的废物会污染空气,但就其提供的能量而言,燃料电池排出的污染物比最高效的内燃机排出的污染物要少得多。

补充信息栏:燃料电池

燃料电池同普通电池一样,也将化学能转化为电和热。只要有燃料,它就不会耗尽也无需充电,只不过它是以氢为燃料。

燃料电池有两个被电解质分开的可渗透电极。电解质是一种被称为聚合物电解膜或质子交换膜的塑料薄膜,它与阴极表面相连。质子(带有正电荷的粒子)可以通过电解膜,电子(带有负电荷的粒子)则不能。

氢燃料在压力作用下被注入电池的阳极,空气中的氧元素(O_2)被注入阴极。

在阳极一端,氢原子遇到催化剂(一种可以帮助或加速化学反应,而自身性质不发生变化的物质)。催化剂中含有多种物质,但绝大多数燃料电池所使用的催化剂是附在布或一种特殊纸上的粉末状的铂。催化反应将电子从氢原子中分离出来,剩下带有正电荷的氢核或氢质子(H^+)。

$$2H_2 \rightarrow 4H^+ + 4e^-$$

电子经由外部电路运动到阴极,在运动过程中电子作有用功,如为发动机提供动力。

氢质子穿过电解膜进入阴极,氧也进入阴极同催化剂相遇。催化剂将氧分子(O_2)分解成带有负电荷的原子(O^-+O^-)。当氢到达阴极与氧原子和两个来自外部电流的电子反应产生水蒸气并被排除。

$$2O^- + 4H^+ + 2e^- \rightarrow 2H_2O$$

燃料电池的工作温度比室温高。本文提到的燃料电池工作温度大约为175℉(80℃),其他燃料电池的温度可达360℉(200℃)左右。这种类型的电池能产生37—180马力的能量(50—250千瓦)。

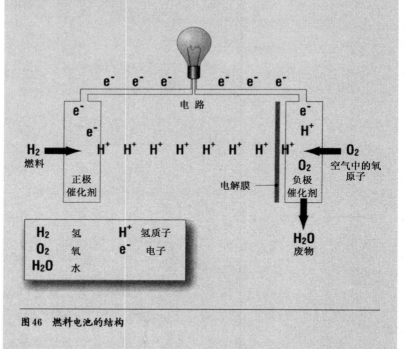

图46　燃料电池的结构

氢

氢是理想的燃料,它比等量汽油燃烧时释放的能量更多,而且产生的唯一的废物是水。此外,氢比汽油更安全。当氢气发生泄漏时,因为氢比空气轻会迅速上升,即便起火,氢火也会升离地面,所以人们轻易不会被其灼伤,并且氢气不像燃烧的汽油那样易吸附在皮肤或衣物上。

氢燃料唯一的缺陷就是不易贮存,但生产商们正致力于寻找解决之道。德国宝马汽车公司的一款样车就使用了5.4升12汽缸的V型氢气发动机。它的燃料由70层铝和玻璃纤维制成,容积为37加仑(140升)。这款汽车最高时速可达140英里(226公里),每加一次燃料可行驶217.5英里(350公里)。

飞艇

自从20世纪30年代重于空气的飞行器统治整个空中交通以来,人们的注意力聚焦在飞行器的容量和速度上。现代民用客机的前身——飞艇已经差不多被人们所遗忘,而一些引人关注的事故更是加速了它的灭亡,飞艇因而得了个不安全的坏名声。许多人甚至认为飞艇已经永远退出了历史舞台。

多数人认为事故的起因是因为将氢气用作了提升气体(参见补充信息栏:飞艇),但是这种说法缺乏根据。飞艇不比已经取代它的飞机更危险。正因为如此,现在飞艇很可能会以全新的方式粉墨登场。今天许多公司都在设计和建造飞艇,其中处于领先地位的仍然是飞艇史上最著名的品牌——策珀林。1908年8月5日,一架飞艇降落在德国城市埃奇德迪杰恩。当晚，一阵狂风使飞艇脱锚，随后飞艇起火被彻底烧毁。然而他的设计者和制作者并没有被此吓倒，他继续制造了更多的飞艇——约有100多架。这位勇士就是费迪南德·冯·策珀林伯爵，他的飞艇被后人称作策珀林伯爵号。

30年后随着飞艇的消失，策珀林伯爵号们也消失殆尽，而策珀林公司却因生产其他产品而幸存下来。1997年9月18日，策柏林责任有限公司制造的新型策珀林号飞艇飞越了德国南部的腓特烈港。2002年5月，策珀林公司生产的NT LZ N07号（NT代表新技术）飞艇在柏林上空作了短途载人飞行。

LZ N07长246英尺（75米），装有2.9万立方英尺（8 200立方米）的氦气。它的内架上装有3台发动机并延伸到外壳，其中两个发动机置于飞艇的两侧，操纵着可旋转120度的螺旋桨产生推力，第三台发动机操控着尾部可移动90度的螺旋桨，给飞艇尾部提供水平和垂直方向上的推力。还有一个小推进器提供侧推力。尾部推进器使得飞艇有可驾驶性。飞艇的时速可达80英里（129公里），舱内可容纳2名机组成员和12名乘客。这种飞艇同20世纪30年代的庞然大物比起来要小得多。人们也在设计着更大的飞艇，大型飞艇的容积可达105.9万立方英尺（3万立方米），能容纳84名乘客。

飞艇虽然速度不快，但是乘坐舒适。相对较小的发动机可以减少燃料消耗和废物的排放，而且噪音不大。LZ N07的发动机都套在碳化纤维罩内，噪音更小。螺旋桨的转数仅有每分钟1 250转，这也有助于减少噪音。坐落在加拿大安大略省纽马克特的21世纪飞艇公司正在研发一种由涡轮柴油机驱动的球形飞艇，这种飞艇带有转速很慢的长长的螺旋桨。

飞艇不需要传统意义上的机场。它在下降到一定高度后由地面上的技师抓住系泊索来停泊,就像船进码头一样。技师把系泊索夹在绞车上,绞车向下拖动飞艇直到船舱接触到地面。它可以让乘客们在城市公园或其他任何开阔地上自由上下。虽然它也需要飞机棚等设备来维护,但这些设备都可以设在远离城市的偏远地区。

飞艇是旅行者理想的交通工具。他们既可以享受舒适宜人的飞行速度又可以通过船舱内宽大的玻璃窗欣赏外面的景色。就像游客乘船游览港口一样,飞艇可以让乘客在远离机场的地方离艇,然后在旅途结束时重新登艇。飞艇还适用于将货物从一个市中心运送到另一个市中心,也可用于处理紧急情况和救援工作。飞艇既可以静止停在空中,也可以垂直升降,还能以艇头为中心在空中盘旋。

补充信息栏:飞 艇

飞艇由刚性骨架及外层蒙皮构成,其内部巨大的封闭空间充以密度比空气小的浮升气体。最早的飞艇使用的浮升气体是氢,而所有的现代飞艇都使用氦作为浮升气体,虽然氦所提供的升力较小而且价格昂贵,但却因其不易燃而更为安全。飞艇装有发动机,它搭载的人员及货物或悬挂于其下方的吊舱中,或被安置在骨架内部。飞艇与热气球的最大不同之处在于它具有刚性骨架,并且可以操纵。有动力装置的气球被称做软式飞艇。

世界上第一艘飞艇是由法国工程师亨利·吉法尔

（1825—1882）设计并建造的。它长144英尺（44米），直径52英尺（12米），充有88 300立方英尺（2 500立方米）氢气。其动力来自于一台功率为3马力（2千瓦）的蒸汽机，它带动一个直径11英尺（3.4米）的三叶螺旋桨以每秒110转的速度转动。1852年9月24日，微风徐徐，吉法尔驾驶着他的飞艇以大约每小时6英里（10公里）的速度从巴黎赛马场开始了首航。

飞艇具有正浮力，也就是说，包括浮升气体在内的飞艇的总质量小于相同体积的空气质量，由此形成的浮力推动飞艇上升。

在温度为32℉（0℃），气压为29.92英寸汞柱（1 000毫巴）的条件下，1 000立方英尺的空气重80.72磅（每1 000立方米重1.29吨），1 000立方英尺的氦重11.14磅（每1 000立方米重178.6千克），氢的重量约为氦的一半。因此，1 000立方英尺的氦可以使抬升62—65磅的重量（每1 000立方米抬升994—1 042千克）。

由于这种浮力，飞艇无须借助发动机来从地面升空或达到足够的速度以获得翼面升力，发动机的作用只是推动飞艇以适当的速度飞行。因此，与传统的飞行器相比，飞艇产生的噪音较小，消耗的燃料也少得多。

硬式飞艇不需要利用内部的气体压力来维持其形状。艇身上的开口使空气可以自由进出，从而使内外的压力达到平衡。充满空气的气室通过活动隔板与浮升气体相分离。人们可以通过调节气室内的压力来适应浮升气体因温度改变而产生的体积上的变化。飞艇中一般有两个气室，分别位于艇身的头部和尾部，它们也可以被用来对飞艇的飞行姿态进行调整。

老发明的现代版本

以上所说的都不是什么新点子。第一艘飞艇诞生于1852年，而燃料电池早在1839年就由威尔士的一个名叫格罗夫的工程师设计出来了。1905年的11月23日美国工程师派珀就曾为他发明的混合动力车申请专利。至少从20世纪70年代开始就有多名设计师致力于飞轮实验。

现代版本的创新之处在于它应用了新型材料和新技术。现代飞艇使用铝和碳化纤维及电子控制技术。全球定位系统帮助飞行人员航行，电脑随时显示飞艇各方面的性能和情况。

燃料电池发明了150年，可人们仍对其充满好奇。过去它既不经济也不实用。现在由于有了将氢气作为燃料的简易方法，还有用聚合材料制成的有效的电解膜，燃料电池变得十分经济实用。

混合动力车一直是切实可行的选择，但在汽油充足，价格便宜，并且污染还没有引起人们重视的年代，混合动力车并不具有竞争力。现在混合动力车已经被看做是减少燃料消耗进而降低污染的直接方式。

今天的污染是可以避免的。在未来的几年——也许不需要太长的时间——我们将拥有几乎没有任何污染的交通工具。

无火取暖

使用像电动工具、冰箱或电吹风之类的电器产品不会产生任何气体或微粒污染，十分清洁，尽管电器周围的电磁场让一些人担忧。矿物燃料燃烧会在发电厂附近产生污染。现在的发电厂虽也比前几年产生的污染少，但是要彻底消灭污染是不可能的。燃烧是种氧化反应，像其他化学反应一样，它是将某种化合物转化为另外一种化合物，而不是销毁或消灭它们。

要想将发电厂的污染降到最小，最理想的办法就是用无排放物的技术来发电。这听起来似乎不太可能，但这并非异想天开。将太阳、风、潮汐和海浪的能量转化为电的过程不会产生任何化学废物（参见"太阳与风"）。利用水位落差产生的能量也不会在水中和空气中留下任何污染物。尽管利用核能发电会产生废物，但核电厂本身并不释放有害物质。作为未来技术的核聚变既无有害气体排放，也无有害废物产生。

水力发电

位于喜马拉雅山地区的不丹国，南临印度，北接西藏。虽然只是一个拥有63.3万人口的小国，但在经济上却能够自给自足。它向印度出口电能,以此换取进口货物。不丹的电能是通过水力发电获得的。不丹境内落差水体资源丰富,不仅可以满足本国需求还可有剩余出口。

位于亚洲东南部的老挝比不丹大,它向邻国泰国出口水电。这也是老挝主要的外汇来源。

老挝的电能有95%来自于水力发电,而不丹的全部电能都来源于水力。正如表5所示,许多其他国家也十分依赖水力发电。在美国有7%的电能来自于水力发电。

表5 依靠水力发电的国家

国　　家	水力发电占所有电能的百分比	国　　家	水力发电占所有电能的百分比
阿尔巴尼亚	94.9	不丹	100.0
巴西	90.6	布隆迪	98.4
喀麦隆	96.7	民主刚果共和国	99.6
刚果共和国	99.3	哥斯达黎加	85.7
埃塞俄比亚	94.2	格鲁吉亚	84.3
加纳	99.9	冰岛	93.2
吉尔吉斯斯坦	89.0	老挝	96.5
马拉维	97.8	尼泊尔	94.7
挪威	99.4	巴拉圭	99.9
卢旺达	97.6	塔吉克斯坦	97.9
坦桑尼亚	86.3	乌干达	99.1
乌拉圭	90.7	越南	83.0
赞比亚	99.5		

(资料出自:《大不列颠百科全书》2002年版)

千百年来，人们一直将水位落差产生的能量作为主要能源之一。大约从1910年开始，人们将水位落差用于发电。到1907年，水力发电约占美国发电总量的15%，1920年攀升到25%，1940年又猛增至40%。1921年到1940年的20年间美国水力发电增长了3倍，1940年到1980年间又增长了3倍。虽然现在水力发电供应相对减少，但这并不是因为水力发电的输出量在降低，而是因为其他发电方式正在迅猛发展。

从水车到涡轮机

传统的水车通常是木制的，转动缓慢。驱动轴式水车旋转并将动力传给与水车相连的机械。水车的"燃料"是免费的水，因而车轮无需高效，事实上也确实如此。这种轮子不适合用于发电，发电需要能高速旋转的涡轮机。

涡轮机有许多种，图47展示的是两种使用较广泛的涡轮机。图中的佩尔顿水轮机在转轮周围安装了一系列瓢形水斗。水在压力的作用下从喷嘴注入水斗。每个水斗在中心分开使得水能导向边缘，为喷嘴向下一水斗注水让路。

法兰西涡轮机有两种。图47展示的是其中的一种。这种涡轮机内置在一个叫涡螺的螺旋形容器内，涡螺可将水均匀地分布在转轮四周。另一种法兰西涡轮机是轴同辐流式涡轮机，是开放式的。它装有导流叶片，导流叶片将水导入转轮边缘的主动轮叶。调整导流叶片可以改变水冲击叶片的力进而控制输出功率。

佩尔顿水轮机是一种冲击式涡轮机。它安装在半空中，由喷嘴喷出的水冲击叶片产生的力来驱动。斜击式水轮机与冲击式水轮机

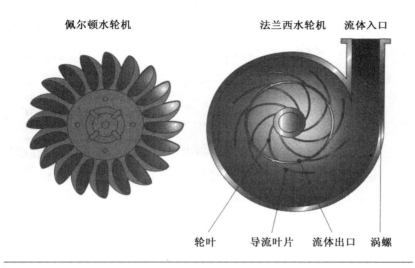

佩尔顿水轮机　　　　　　　　　　法兰西水轮机　　流体入口

轮叶　　导流叶片　　流体出口　　涡螺

图47　两种使用较广泛的涡轮机

不同，它比佩尔顿水轮机转速更快。喷嘴喷射出的水只冲击叶片的
一侧。水从降落点到涡轮机的距离叫落差。冲击式涡轮机适用于水
落差大的地方，落差一般应在50—6 000英尺（15.25—1 830米）之
间，每个涡轮可输出200兆瓦（1兆瓦=100万瓦）的功率。

　　法兰西水轮机属于反作用涡轮。它工作时完全浸没在水中，外
面用压力套包住。不同的水压在主动轮叶上产生不同的力（类似于
机翼产生的升力），正是这个力使涡轮旋转。其他类型的反作用涡轮
还有螺旋桨水轮机和卡布兰水轮机。螺旋桨水轮机与轮船上的螺旋
推进器类似，有3到6片水力推动的固定叶片。卡布兰水轮机也属
于螺旋桨式，只是叶片的斜度——叶片与落下的水流间的角度——
是可变的。这使螺旋桨在水流速度不断变化的情况下仍保持匀速
旋转。反作用水轮机要求水落差在10—2 000英尺（3—610米）之

间，输出功率可达800兆瓦。螺旋桨水轮机可应用于水落差在10—300英尺（3—91.5米）之间的地方，输出功率可达100兆瓦。卡布兰水轮机的输出功率可达到400兆瓦。

水力发电站

大型的水力发电装置建在水坝内。水坝拦水形成蓄水池，根据所需电量调整放水量。此外，有时河流或河流的一部分可由一个叫做水渠的沟渠或引水渠改道。改道的水在流经涡轮机后再流回河流。河流改道虽无需建筑水坝，但却要求河流的流量要稳，并且能保证分流后的河水能产生足够的落差。

抽水蓄能系统的工作原理与前两者不同。它的电力供给由两部分组成：基本负荷和峰值负荷。基本负荷是无间断的电力供给，它的供给量可变但变化速度不快。当用电需求骤增时，就需要额外的电量满足这一高峰时的电力需求。抽水蓄能系统通常在夜间用剩余的基本负荷电能把水从低位水库抽到高位水库蓄存。在用电高峰期到来时，蓄存的水就从闸门被放出，经过涡轮流回低位水库，产生更多的电能。

大型水电站的发电量可达30兆瓦以上，还有许多水电站发电能力更高。小型水电站可发电0.1兆瓦到30兆瓦，微型发电站——通常用来满足单个建筑或小型社区用电需要——发电量可达100千瓦。

水力发电虽然十分清洁，但它会改变河流下游的水质，而且鱼也会因撞在涡轮上而死亡或受伤。蓄水池的建设往往要淹没河谷，有时甚至淹没耕地和动植物的栖息地，造成大片的土地流失。

水力发电技术也仅限于一些适合的地点，并且大多数可开发地区都已被利用，因此在未来其开发扩展的机会十分有限。

核能

人们对核电站一直感到恐惧。在许多地方，尤其是在美国和欧洲的一些国家，人们组织大规模的活动反对使用核能。事实上，核能是很安全的。在核反应堆投入使用的50年间只发生了极少的几例事故，其中只有2例导致死亡，只有6例发生了放射性物质外泄。

相比之下，水力发电要比核能发电危险得多。1979年和1980年印度两次水坝事故共造成3 500人死亡；1983年哥伦比亚的水坝事故造成160人丧生；1991年有116人死于罗马尼亚的水坝事故。从1970年至1992年，全世界共有4 000人死于水坝事故，1 200人死于天然气造成的意外事故，6 400人死于矿难，而死于核电站事故的只有41人。

1961年发生在美国的军事试验核反应堆事件是首例由于使用核能而造成人员死亡的案例。这场事故中有3名工作人员死亡，还有少量放射性物质泄漏。另一致命事故是1986年发生在乌克兰的切尔诺贝利-4号反应堆事故，这次事故造成大量放射性物质泄漏，对东欧和斯堪的纳维亚半岛产生了严重影响。核电站的1名工人被落下的碎片砸死，1人死于灼热的蒸汽，另有29人死于放射性物质接触。自事故发生以来，已经有10人死于放射性物质引起的甲状腺癌。联合国对事故后果的调查报告显示，在大多数接触辐射的人群中，还没有科学证据显示放射物导致了其他原因的死亡或对健康产生严重影响。1957年英国塞拉菲尔德市的温斯卡尔-1号反应堆事故造成了大范围的放射物污染。这个核反应堆是用来生产军事用钚的。1969年瑞士卢塞恩斯的核试验反应堆有少量放射性物质泄漏，1979年美国的三英里岛-2号反应堆有少量的放射物泄漏，但是这些放射物的衰变期很短。1980年法国圣劳伦斯-2号反应堆也出现少量泄漏。1980年以前出现的一些核事故或死亡事件大多发生在军事设备区。这些事故都是在准备或处理核燃料时发生的，不是因核反应失败所致。1999年日本东海村的事故造成2人死亡，这场事故也是发生在准备核燃料的工厂中。

放射性废物

尽管核电站不向空气中释放任何颗粒或气体，但核反应堆燃料反应后就变成了废料。放射性废料根据其放射强度可分为高、中和低三种。中级放射性废料主要来自于核反应设备及受到强辐射的材料，它们经过处理后可以转化为低放射性废料。低放射性废料包括被污染的衣物及暴露在辐射源下的物质，但这些废料并不全部来自核电站。低放射性废料可以在特殊的垃圾填埋场经过处理后变得十分安全。大约90%的放射性废料属于中级或低放射性。

高放射性废料来自于核反应堆，包括已用过的固体燃料以及对用过的燃料再回收时剩下的液体残留。再回收的目的是从用过的燃料中重新获得能循环利用的铀和钚。废料回收时首先剥去燃料容器外的覆层，然后将燃料溶于强酸。燃料液化后最终形成高放射性液体残余。

高放射性废料温度很高，因此常被装在容器内保存在大水池里。水既能吸收辐射，也能消除热量。这些废料需要许多年后才能完全冷却。目前处理高放射性废料的方法依然是将其存放在水池中等待对其进行永久性的处理。在储存高放射性废料之前，液体型废料可以被转化为一种玻璃晶体或一种被称为合成岩石的合成物。固体废料被密封在腐蚀度已知的容器内，这样科学家们就能够预测出在最坏的情况下废弃物溢出容器的时间。装废弃物的容器要保存在永久性设备中，存放在地形结构稳定的地下，保证废弃物与外界隔绝，直到经过放射性衰变后其放射程度达到与自然界含放射性元素的岩石，如花岗岩的放射程度相当。人们推测这一过程需要几千年的时间，但不会超过几百万年。芬兰可能是第一个在尤拉约基附近用永久性设施存放高级放射性废料的国家，那里有78%的人支持该计划。

核电站产生的高放射性废料数量很少。大约99%的高放射性废料来自于武器生产和军事反应堆用过的燃料，比如给核潜艇提供能量的燃料等。大学和工厂研究用的反应堆也会产生废料。尽管处理高放射性废料是个难题，但这个问题目前已经在技术上和政治上得到了解决。

放射性衰变

自然界中的某些元素并不稳定，它们的原子核可以自然分裂，这一分裂的过程叫做裂变。而一系列的裂变会将一种元素转化为另一种元素。裂变过程涉及粒子放射或电磁辐射，或者两者兼有。粒子放射产生辐射现象，此过程对元素的影响叫做放射性衰变。最终，放射性衰变导致原子核稳定，衰变结束。元素样品中一半原子衰变失去放射性的时间称为衰变期或半衰期。任何放射性元素的衰变期都是极其有规律的。

原子核由带正电的质子和不带电的中子组成。因为质子上的电荷决定该元素与其他元素的反应方式，所以原子核中质子的数量决定该元素的化学性质。大多数元素都有许多变体，它们叫做同位素。不同的同位素原子核中拥有的中子数量不同。中子数量的变化能改变核的质量，但不改变其化学性质。同位素用原子质量来标识，如氧-16通常写作 ^{16}O。

铀的元素符号是U，它有三个同位素。^{238}U 占自然界中铀总储量的99.27%，衰变常数为45.1亿年，^{235}U 占自然界中铀的0.72%，衰变常数为7.13亿年，^{234}U 占自然界中铀总量的0.006%，衰变期为24.7万年。^{238}U 的衰变产物之一是 ^{234}U，^{234}U 经过一系列变化之后又会产生 ^{206}Pb（铅）。^{235}U 先衰变为 ^{227}Ac（锕），最后产生 ^{207}Pb。^{233}U 可被用做核反应燃料，但在自然界中不存在。它是由 ^{232}Th（钍）生成的。钍在自然界中储量丰富，但不能产生核子裂变。

铀原子核裂变时放出中子。这种中子含有大量能量，叫做快中子。^{238}U 能吸收快中子。当中子撞击 ^{235}U 原子时，原子核的稳定性遭到破坏，很快就产生衰变，又释放出两到三个中子。这些中子又撞击其他 ^{235}U 原子核，随之产生一系列连锁反应。中子撞击原子核的概率取决于其周围原子的质量。若原子质量不够，许多中子就会逃跑。原子的决定性质量就是确保连锁反应所需的最小原子数。因为 ^{238}U 吸收中子的速度非常快，能致使连锁反应不能进行，所以 ^{235}U 的数量必须要严格控制。

原子核裂变释放能量。铀裂变释放的能量要比相等质量的碳原子燃烧释放的能量多出250万倍。

核反应堆的内部

核反应堆利用放射性元素衰变产生的能量进行工作。普通的铀经过处理后其^{235}U的含量能增加3%。由此产生的浓缩铀是应用最广泛的核反应堆燃料,它可以有效地减少^{238}U的数量及^{238}U同位素所吸收的中子的百分比。氧化铀被做成陶瓷体小球封在一种叫做燃料棒的圆柱形金属容器中。燃料棒扎在一起形成燃料组。

为了增加中子撞击^{235}U的可能性,快中子的速度必须慢下来。方法是将燃料棒放在慢化剂中。慢化剂能在快中子撞击原子时减缓其运动速度,提高裂变可能性。

连锁反应的速度同样也需要控制。这就需要一种物质来吸收中子,这种物质通常是硼。我们把吸收材料做成控制棒,放入燃料组的空隙内,并可根据需要上下调整。燃料组、控制棒和慢化剂组成了核反应堆的内核。此外还需要有一种方法将反应堆内核产生的热量带走并将其用于产生蒸汽,以便为控制发电机的涡轮提供动力。

反应堆有几种类型,但大多数核电站所使用的反应堆都是用水作慢化剂并带走反应堆产生的热量,这种反应堆是压水反应堆(PWR)。压水反应堆内的水处于高压状态下。另一种广泛使用的反应堆是沸水反应堆(BWR)。水在反应堆中沸腾,进而形成蒸汽直接驱动涡轮机。

图48是压水反应堆的构造。水在高压下被泵到一回路系统,以减缓核反应堆的反应速度,同时水被加热。加热的水被水箱的热交换器传送到一个隔室,同时水的热量被传递到周围的水中。这一过程是在低压下进行的,水能够沸腾,产生的水蒸气用来驱动涡轮机。

通过涡轮机后，蒸汽接触冷却水管冷却下来，之后被抽回隔室再次被加热。该过程在二回路系统里进行。涡轮机与发电机相连接。

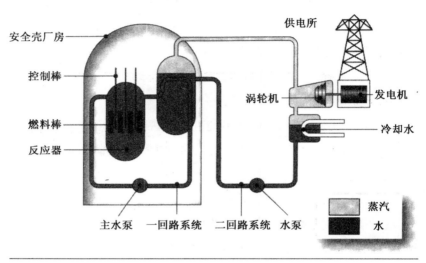

图48 压水反应堆

安全性

核反应堆的设计力求把核泄漏的风险降到最低。燃料球芯块包裹在燃料包壳中防止泄漏，而且反应堆本身也装在一个非常牢固的反应容器中。

商用核设施的反应容器被置于反应安全室中。安全室首先包括反应堆厂房，它用来阻止核辐射泄漏到外界。安全室还必须经得起一些突发事件的影响，如严重失误造成的反应堆物质大量外泄、反应堆内部爆炸或者地震等。因此，安全室常建在外面被混凝土包围的厚厚的钢质安全壳结构中，但并不是所有研究或军用反应堆都拥有反应安全壳。

反应堆还必须配有能防止重大事故造成的核内温度升高失控的装置。首先控制棒能迅速下降以中止核反应；其次有多个炉心紧急冷却系统，一旦其中一个失灵可以启动另一个——冷水会自动冷却反应堆内核。此外，如果万一停电，紧急供电系统会自动启动保证水泵和阀门继续正常工作。

核聚变

核聚变时一个原子核分裂成大致相等的两部分。核聚变反应堆就是利用两个原子核合并或融合时释放的能量工作的。星星之所以能闪光及辐射发热也是因为其内部在发生核聚变反应。

当两个原子核聚合时，它们合成物质的一小部分转化成能量。虽然只有一小部分质量得到转化，但爱因斯坦将这种能量与质量的关系用 $E=mc^2$ 表示，E 为能量，m 为质量，c 为光速。这个公式说明少量的燃料能够释放出大量的能量。

聚合反应的燃料为氘（D）（氢的一种同位素）和氚（T）（氢的放射性稀有同位素）。氘也称"重氢"，由含一个质子和一个中子的原子核组成。大约 3 000 个水分子中就有 1 个水分子含氘原子，因此氘资源是非常丰富的。若地球上所有能源都由氘提供，那么足够人类使用几百万年。氚的原子核带 1 个质子和 2 个中子，但它不存在于自然界中，而是由一种含量丰富的金属锂生产出来的。利用氘—氚反应，132 加仑（500 升）的水能产生 0.35 盎司（10 克）氘，1.05 盎司（30 克）的锂可生成 0.525 盎司（15 克）氚。这一反应产生的电力足够一个美国人终生受用。这个反应是：

$$D+T = {}^4He+n+能量$$

${}^4He$是聚合反应产生的氦的同位素，n代表中子。

由于原子核都带正电，彼此互相排斥，因而核聚变反应很难完成。核聚变还要求被夺去电子后变成等离子体的原子核须高速聚集在一起，而且要有大量原子核参加反应。氘和氚在低于1.8亿华氏度（即1亿摄氏度）以下是不会发生反应的，所以必须将其加热至这个温度，并且同时保证与容器壁隔离开来，因为接触容器壁会使其冷却。

现在有几种防泄漏系统。最先进的一种叫托克马克。它是个形如中空面包圈的环形容器，燃料被放置在强磁场中。之所以说这是最先进的一种是因为科学家和工程师们在这种方法上所花费时间要比其他方法多。虽然对核聚变的研究已进行了几十年，但迄今为止，还没有商业型的聚变反应堆。科学家希望这项技术能在21世纪中叶之前被用来产生能源。这一想法如能实现将会给我们带来极大的好处。因为核聚变所使用的燃料非常丰富并且在很长时间内不会枯竭。聚合反应本身是安全的，不会出错，因为一旦出错反应就会自动终止。这一反应也不会释放气体或固体等任何物质，因而不能污染大气。原子被中子轰击确实会使聚变反应产生辐射，但通过选择正确的材料就可将辐射降到最小。此外放射物的衰变期很短，而且反应也不会产生需要长期处理的废弃物。

太阳与风

日光和风是免费的能源。太阳的照射使地球沐浴在日光中，也引起大气和海洋的运动。大气和海洋的运动产生风和海浪,同时为我们提供光和热。这一能源简直是唾手可得,不需什么成本,也没有污染,而且永不枯竭。

人们谈论可再生资源时指的就是太阳能。基于多种不同技术,太阳能可以以多种方式为人们所利用。

有些人将地热能也视为可再生"自然"能源,但事实上地热能是完全不同的能源。它并不来自太阳能,本身不够清洁,而且也并非永远不会枯竭。

地热能

由于岩石中自然存在的元素在放射性衰败过程中产生的热(参见"无火取暖"),所以从某种程度上说,地壳本身就是一个巨大的核反应堆。

我们脚下岩石的温度随深度而上升,温度增加的速率叫做地热梯度。平均每向下一英里,温度就升高58—116℉(每公里20—40℃)。火山地区的温度升高得更快。地球上也有些地方的热梯度值异常高,接近地表的地方有热水池或滚烫的岩石。

在热水池中钻井,水会冲出地面,其热量可被直接利用。但要想利用岩石的热量就复杂得多。首先要在岩石上钻两个孔,两孔之间保持一定距离。然后引爆两孔底部的炸药。爆炸会把两孔之间的岩石炸成碎片,水从碎片之间的空隙流过。人们利用高压将水从一个孔注入,水流过炸碎的岩石时会被加热,之后再从另一个孔流出,通过管道被输送到目的地后,人们再将其中的热量提取出来加以利用。

然而，这种水并不干净。岩石中的物质会溶解在热水中。无论是来自地下储水层的水还是刚刚被抽采出来的水。它们在到达地表时都变成无机化合物的溶液，具有强腐蚀性，一旦与地表水混合会造成严重污染，因而需要小心处理，不可与其他水源混合。水中热量被提取利用后需要对其谨慎处理。

从某一地区的地下提取热量会使岩石降温。几年后热岩石的温度会降到和周围的岩石相同，热水不复存在。这时，地热资源也就枯竭了。

地热能源是从热水中获取的，可用来为工业用热水预热或是发电也可通过管道输送到建筑群中用于供暖或提供热水。但是，热水能源必须用于本地区，因为水通过管道会很快冷却下来。另外地热能源只有在可行的地方才可被利用，因而利用价值也非常有限。

生物量

阳光为光合作用提供能量，光合作用使植物得以生长，这就是利用太阳能的最明显方式：阳光促使植物生长，长成的植物可以用做燃料。某一特定地区生长的所有植物，或某一特定种类的所有植物构成了这一地区的生物量。生物燃料就是为这一目的而种植的生物所提供的燃料。

当然，生物燃料也不是什么新能源。我们从史前时代就开始烧柴了，而且矿物燃料最初也是来自于光合作用。在煤成为燃料首选之前，工业上多使用木材或木炭作为燃料。无论是直接用作燃料或是制成木炭的木材都种植在林场中，每隔10到12年树木就会被齐根伐倒，之后树桩周围可以培育新枝，新枝长到一定高度就砍掉做长杆,这种技术叫做矮林作业。一些天然资源保护管理论者提倡恢复这一方法,因为矮木林区可以为野生生物提供理想的栖息地。

现代生物燃料的利用方式更加多种多样。人们在适宜的地方种植生长迅速的树木作物,如各种柳树类植物。树叶、树枝、树皮等作物残余也可用做燃料。传统的农场作物也提供燃料,尽管原来为此目的种植的植物将来也可通过基因改良来提高其特性,但这些品种通常是不可食用的。土豆和玉米是种植最为广泛的燃料作物,作物内含有的糖和淀粉通过发酵可转化为乙醇(酒精),而乙醇可像汽油一样用作燃料。

生物燃料是可循环利用的,因为收获一茬作物后还可以再种另一茬。种植上也不需要什么新技术或是技能,农民就用传统方法种植。虽然燃料燃烧会造成大气污染,但这并不是促成温室效应的原因,因为燃烧产生的二氧化碳已在几个月前被生长着的植物吸收了,此时不过是又被释放到空气中而已,这一过程本身并未增加大气中二氧化碳的含量。

生物燃料的生产也存在一些缺陷。种植燃料作物会占用那些本可种植常规农作物的耕地。植物油和纤维等食用或工业作物比燃料作物价钱高,因此农民只有在享受津贴或其他作物没有市场的情况下才会考虑种植燃料作物。但这并没有阻止生物燃料成为重要能源之一。随着农业生产率的提高,用来种植食物和原材料所需的耕地可以逐渐减少。在北美和欧洲的部分地区,农业生产已能腾出一些土地来种植燃料作物。但在一些欠发达国家,如非洲、亚洲、拉丁美洲等地区,这种方法却行不通,因为这些地方可利用的耕地都要被用来种植传统的农作物。

太阳热量

我们可以直接从太阳获取热量,太阳能集热器是种常见的直接利用太阳能的装置,它通常会安装在屋顶或地面为家庭提供热水。

太阳能集热器是一个很浅的箱子,里面铺有管子,管子里的水来回流动形成一个热交换器。管子与热水箱里面的二级热交换器相连,一个小水泵驱动着水的循环。收集器内的管子安装在隔热底上可以把热量损失降到最低。管子外面还覆盖着粗糙的黑色物质以最大限度地吸收热量。收集器要安装在架子上,面向正午的太阳。收集器里的水变热后被运送到热水箱,在那里释放热量。该装置简单有效,只需阳光便可工作。太阳能集热器在冬天时的使用效率会低一些,而且在高纬度地区还不能确定集热器是否能积蓄足够的热量来保证热水供应。

太阳烟囱能将太阳热能转化为电能,可应用于工业生产。目前有几个研究小组正在对其进行研发,但现在还没有正式投入使用的太阳烟囱。图49是太阳烟囱的结构图。

在沙漠地区用玻璃或塑料在距地面约6.5英尺(2米)的地方盖个占地约14平方英里(37平方公里)的像

涡轮

收集区域

图49　太阳烟囱的结构

暖房一样的锥形房。塑料罩下面的土地用沙砾覆盖,并涂成黑冰铜色。在"暖房"的中心是个高高的圆柱形结构,很像烟囱。烟囱里面有个涡轮机。

被覆盖的地面起到了太阳能收集器的作用。地面受热后将地表的空气加热。热的空气向塑料罩中心上升,并在那里流进烟囱。随着热空气的上升,更多的空气流进"暖房",加速了空气的流动。升进烟囱的空气使连接着发电机的涡轮机旋转。

在西班牙有一个实验用的太阳烟囱已运行7年了,此外还有一些其他的示范烟囱。这些都证明这个想法是可行的。

太阳池也收集太阳能,但里面没有移动部件。太阳池里层用黑色塑料覆盖以吸收热量。池底是一层饱和的咸水,淡水层置于咸水层上。咸水比淡水密度大,所以如果小心地将淡水注入咸水层上,它就会浮在上面而不与咸水混合。太阳池就是利用淡水层来给咸水层隔热。太阳加热了塑料内里,内里又使咸水温度升高。咸水中的对流使咸水混合以便受热均匀,但热气不会上升到上面的淡水层。淡水层依然保持着与空气相同的温度。热的咸水经管子流出水池进入淡水槽的热转换器,然后返回池底被再次加热。热的淡水可进一步加热生成用于发电的蒸汽。池中的淡水层一定要经常添水以补充因蒸发损失的水分。

太阳能电池

太阳能集热器、太阳烟囱和太阳池都能聚集太阳热能,但它们只能在气候温暖的地区使用。太阳能电池则不同。它可以吸收光并把它直接转化为电。由太阳能电池排列组成的电池组能给宇宙飞船提供能量。电池组通常由36个电池组成。在我们的日常生活中太阳能电池可以被用于袖珍计算器、路标照明、交通信号灯和海上浮标。未来安装在屋顶的电池组可以为整个建筑物提供电能。现在虽然这一技术已经完全成熟，但因成本过于昂贵，所以还不大实用。

尽管太阳能电池在高纬度地区和高海拔地区的夏冬两季都可使用，但它也有局限性。首先它们需要太阳光，所以夜晚时无法工作，其次北方冬季的夜晚又十分漫长，所以太阳能电池白天发的电必须能储存以便晚上使用，或是选取另外的方法提供电能。

电池可用来储存电能，但是能储存太阳能的电池价格很高，而普通的车载电池并不适用。因此我们需要额外的设备来维持太阳能电池的正常使用。小型发电机或普通的蓄电池可以用作替换供给电源。

太阳能电池与一般电池都输出直流电（DC），电器使用交流电（AC），蓄电池恰好能够提供交流电，所以太阳能电池和一般电池里的电在使用之前必须从直流电转化为交流电。实现这种转换的装置叫做反用换流器。

太阳能电池和一般的电池都是半导体，通常由加了少量杂质的纯硅晶体的切片制成。半导体是介于导体和绝缘体之间的物质，电子能够自由通过导体但却不能通过绝缘体。电子在电场"推力"的作用下可以通过半导体。

硅原子中的14个电子排列在3个壳层上，里面的2层是满的，而最外层上只有4个电子（尽管能够承担8个电子）。因而硅原子与周围的4个原子共同分享电子。这样原子就被锁在晶体的点阵中

（结晶体的离子或原子排列）。为了把硅转化为半导体，需要在一层硅中加入磷原子，在另一层中加入硼原子。磷和硼的加入叫做（半导体）掺杂。加入磷的硅叫做n-型硅，加入硼的硅叫做p-型硅。

磷原子的外壳上有5个电子，它可以与硅形成4个键，但仍然有一个电子是独立的。当光子击中硅时，它的能量被硅吸收，使得一个电子变为游离状态。游离的电子在晶体周围运动寻找晶格空位——一个可以填充的"洞"。

硼原子外壳上只有3个电子，所以每个硼原子都只有1个电子空位。空位也在不断移动，因为电子一离开，它留下的空位就会立刻被填充。

一层n-型硅（"n"代表负电荷，因为它含有自由电子）与一层p-型硅相邻（"p"指正电荷，因为它有自由空位）就形成了电场，电场将它们分开。电场把电子从正极推向负极，但不能反方向运动。这种装置被称为二极管。

受到撞击的光子会释放出1个电子，这样就产生了1个游离的电子和1个空位。如果这一组"电子—空位"靠近两层之间的电场，电场会把电子送到负极，把空位送到正极。这样n-型硅就会带有负电荷，p-型硅带正电荷。如果用电线连接就会产生电流，电流会将电子送回到负极的空位上。图50显示了这个过程。

p-n型接头的半导体位于太阳能电池的中心部位。为使其更加完整，半导体像三明治一样夹在其他层之间（如图51所示）。护罩玻璃可以保护电池，下面的抗反射膜使电池光的吸收最大化。在两个半导体的上下两层是接触层，它们通过电线阵把电池与邻接物和供给源连在一起。

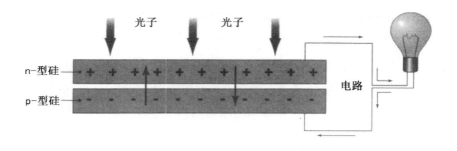

图50 太阳能电池

当光子撞击n-型硅时,电子——空位组合破裂。一些电子从负极运动到正极,然后再随电流离开正极返回负极。运动过程中产生有用功。

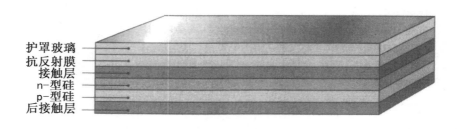

护罩玻璃
抗反射膜
接触层
n-型硅
p-型硅
后接触层

图51 太阳能电池分层图

风和水

　　风力发电是所有直接利用太阳能发电技术中最先进的一种。它的原理也很简单。一个大型转子或风力涡轮机,像飞机上的螺旋桨一样要装在高塔的顶端。它可以自由转动并一直对准风向。当转子在风中转动时,传动装置系统把它与直接安装在转子后面的发电机连在一起。传感器探测风向,小型电动机确保转动的叶片与风向保持最佳角度。大多数设计中转子叶片的斜度(叶片与风之间的角度）能够变化，所以即使在风速变化的时候转子也能够保持匀速转动。叶片的距离可以调整。叶片的方向也可以调整，使其与风向垂直，这样当涡轮必须停下来进行维护或是当风速超过了设计限度时，叶片就可以停止转动。

根据设计的不同，风力涡轮机的额定功率从4千瓦到5兆瓦不等。单个的发电机用来给独立建筑物或小型独立社区供电。风力农场就是将电能储存在电力网里的多个并列排放的发电机组。大多数风力农场由10台到40台发电机组成，但正在策划中的欧洲北部的近海风力农场将会有100多台发电机。

风力农场要建在多风地点，但即便是这里的天气偶尔也会十分平静，再加上维护和保养的时间，风力发电机只能产生其设计功率40%的电能。常规的现代发电站输出能力大约在1 000兆瓦，而实际输出功率只是其输出能力的80%，即800兆瓦的电能。那么一个实际输出功率为800兆瓦，涡轮功率为500千瓦的风力农场要由4 000台涡轮机组成。风力涡轮机之间必须离开一段距离，这样它们才不会"抢"了彼此的风。通常的间隔距离是转子直径的5—7倍，因此风力农场占用的土地面积较大。不过我们也可以在风轮机之间的空地放牧或种植庄稼以便更好地利用空间。当然为了安全起见，人们不允许无限制地接近风车园，因为总会有叶片因转动脱落的危险，而且这么做也是为了保护风车不被蓄意破坏。

风力涡轮机的输出功率与转子转动时所覆盖的面积及风速的3次方成正比例。这说明如果风速加快1倍，输出功率就会增大8倍，这就是为什么要选择强风地带和大型涡轮机的原因。

目前美国所有风力涡轮机的总输出功率超过425兆瓦。据美国风能协会估计，风力发电将满足面积为1.6万平方英里（4.144万平方公里）地区的20%的用电需求。这听起来似乎很多，但实际上这一面积还不到美国总面积的1%，更何况还要把它分配到全国各地呢，所以风力发电所产生的电能同整个电力需求相比只不过是杯水车薪。

流水也可以用来发电。潮汐流是最可靠的资源，但潮汐发电站需要大的潮汐差，也就是海平面间高潮与低潮的垂直距离。世界上最大的潮汐发电站坐落于法国布列塔尼北部的兰斯河上。它已经运转了30多年，输出功率满足了布列塔尼地区90%的用电需求。兰斯发电站的24个涡轮发电机安装在叫做堰坝的长约0.5英里（0.8公里）的水坝里。水坝顶上有公路连接圣玛诺和迪纳尔镇。涨潮时，水通过水坝流入河湾并蓄存在那里；退潮时，蓄水放出，经水坝和涡轮流回。现在兰斯发电站安装了新型涡轮机，它在潮水进出时都可旋转，发电站效率因而提高了1倍。

潮汐发电站受到成本、适建地点以及环境等因素影响只能建在具有大幅潮汐差的巨大的河口湾。此外建一个潮汐堰坝的资金比建造任何一个其他类型的发电站所需的费用都高。科学家们还担心堰坝对下游水质和野生动物的生活将产生影响。它将改变河流入海的位置，也会改变河流沉淀的方式，进而影响河口湾的船舶吨位。河口湾的淤泥里栖息着许多无脊椎动物，许多涉禽以它们为食，而水流的变化将严重扰乱这些动物的栖息地。尽管潮汐发电听起来十分有吸引力，而且很显然兰斯是个成功的例子，但潮汐堰坝却未必能在未来的能源供应中起到重要的作用。

海浪也可用于发电，至少在理论上可行。现在有两种方法可以实现对海浪的利用。第一种是利用振荡水柱（OWC）。这是一种稳固地安装在海平面以下的海岸岩石表面的装置。它里面有一个空气柱，当底部水流上升时，空气受到压缩，气体通过涡轮从而发电。每次海浪袭来，涡轮就旋转一圈。第一台振荡水柱设备安装于日本，用来给浮标顶端的灯提供电能。几年后挪威在托夫特斯塔林海湾安装了一个更大的振荡水柱。它的输出功率为500千瓦，并持续运行了几年。但不幸的是，它在1998年的一次严重的风暴中毁坏了。此后英国又在苏格兰的伊斯莱岛上建立了一个实验用的振荡水柱装置，可发电180千瓦。

另一种方法使用的是漂浮于水面的装置。该装置随着波浪的上升和下降将垂直运动转化为旋转运动，借此发电。最先进的一种设置是20世纪70年代由爱丁堡大学的教授史蒂芬·索尔特发明的"索尔特鸭子"。它是一种浮在水面上的眼泪形状的装置（如图52所示）。鸭子通常是25个一组，用杆子在较粗的一端相连。随着波浪的起伏运动，未连接的鸭子尾部轮流升高或降低，鸭子来回摇动，于是这种动能便被转化为电能。

无论是振荡水柱装置还是鸭子设备，包括连接发电机的联动装置和承载能量的电缆在内都必须能经受得住猛烈风暴的侵袭。要想做到这一点并非易事。同时就像风力农场里阵列排放的发电机组一样，一套足够大的鸭子阵列也可以产生许多能量，但无疑将占据大面积的海面。虽然它可以在距海岸很远的地方建造，远离人们的视线，但轮船则可能为避开它而不得不绕行很远的距离。

开发利用海面水与深海水的温度差来发电也不是什么新思路。1881年法国物理学家雅克·阿尔塞恩·阿松瓦耳（1851—1940）

旋转方向

波浪方向

图52　索尔特鸭子

首次提出这个想法,但他在有生之年却没有看到这个想法得以实践。第一个可用装置是1930年由乔治·克罗德(1870—1960)建造的。

　　这项技术需要海面海水与3 300英尺(1 000米)深处的海水有至少36℉(20℃)的水温差。如果温度差小于36℉(20℃),我们将不得不寻找更深的海水,这样一来用于将冷水抽到水面所需的能量就要比系统本身产生的能量还多。只有在北纬32°和南纬25°之间才能找到合适的温度差,所以这种反方法只适用于热带地区。

　　海洋热能转化(OTEC)有封闭循环、开放循环和混合系统三种应用方式。正如阿松瓦耳最初设想的,在封闭循环设计中,温暖的表面海水用来给低沸点的操作液如氨水加热,然后将它转化为蒸汽,驱动涡轮发电机。冷的海水又将蒸汽液化,等待再次被转化为蒸汽。

在克罗德设计的开放式循环中,表面海水即是操作液。它在局部真空的情况下蒸发,产生低气压蒸汽带动涡轮旋转。然后蒸汽可以像在封闭循环中一样在热转换器中液化,或是简单地将蒸汽与冷水混合。

混合发电是将两种方式结合,温暖的海水在局部真空管里蒸发,蒸汽用来蒸发工作流体。

只要陡峭的海岸大陆架能提供足够的深度,海洋热能转化系统就既可以建在近海地区也可建在岸边。虽然海洋热能转化系统的效率非常低,只有2%的能量可以被转化为电能,但是海水资源是无限的,所以海洋热能转化系统的潜在输出能力是相当大的。

太阳带给人类光和热,它还提供充足的能量使大气运动,大气运动又形成风,风又导致海浪产生。热、太阳光、风和海浪都可以用来获得能量。它们的潜力十分巨大,但同时也存在很多局限。由于自然能量十分分散,因此聚集能量就尤为必要。我们不只简单地需要均匀分布的能量,我们还需要能量差,而这个代价是相当高的。不过,随着科学技术的进步,我们会更加依赖这些能源。

法律和条约

空气污染不是新的问题。从人类用火开始空气就一直受到污染。这并不奇怪,因为燃料燃烧是污染的主要来源,而且也不是我们现代人首先发现污染这个问题的。几个世纪以前当人们注意到空气中有难闻的气味，能使人咳嗽和流泪的时候就已经意识到问题的存在了。

早在1273年，英国国王爱德华一世就颁布法律，禁止人们用煤生火做饭。煤烟使食物带有一种特殊的味道，当时有种普遍的说法认为它可以使人致病甚至死亡，因此国王颁布了这条法律。这条法律是否有效值得怀疑，它似乎并没有改善伦敦的空气质量。于是1306年爱德华一世又发布公告禁止在伦敦烧煤。这次的法律至少是在一段时间内得到了实施，一个工厂主因违反了该法律而被判斩首。

从19世纪晚期开始，现代人也尝试寻找解决污染的方法。19世纪80年代，美国通过了煤烟防治法，并由当地健康委员会负责监督执行，主要针对工厂、铁路和轮船排放的烟尘。英国1891年通过的旨在控制煤烟排放的《公共健康法》效果却不明显，因为就像美国立法一样，它没有触及城市煤烟的主要来源——家庭用火。旨在清洁空气的第二次尝试也犯了同样的错误。1926年的《公共健康法》指出煤烟有害健康，然而立法者并没有规定人们在自己的家里应该如何行事。人们仍然继续用煤取暖、烧水和煮饭，这种做法一直持续到20世纪中期。

清洁空气法律

尽管立法取得的效果并不明显，但人们对空气污染的后果和程度却有了越来越多的认识。1926年，人们首次展开了对以盐湖城为中心的美国空气污染的大规模调查。两年后美国公共卫生局开始对东部工业城市的空气质量进行监控。监控发现空气污染导致纽约市的日照时间减少了20%—50%。1937年的进一步调查表明纽约的状况还在日趋恶化。

1939年在美国圣路易斯发生的烟雾污染事件（参见"浓雾：烟雾的雏形"）掀起了一场通过改用更高级的煤和石油来降低煤烟污染的运动。1941年圣路易斯州通过了美国第一个旨在控制煤烟排放的法令。1947年洛杉矶建立了第一个空气污染控制区，1949年又首次召开了由美国公共卫生局发起的空气污染国家会议。1955年关于空气污染的首次国际性会议也在纽约召开，1961年国际清洁空气代表大会在伦敦召开。

1955年美国国会通过了《空气污染调查法案》。几次导致人员死亡的烟雾污染事件——1953年11月纽约的一次烟雾污染使170—260人死亡——促使立法者开始采取行动。1959年美国加利福尼亚州率先对汽车排放实行限制。

20世纪的30年代到40年代，苏联工业化的迅猛发展导致了严重的空气污染，这使苏联政府制定了第一部应对空气污染的现代法律。这条法律于1949年开始生效，但就像当时的英国和美国法律一样，该法律也没有产生什么效果。

第一个真正有效的法律是英国政府继1952年伦敦烟雾事件后于1956年通过的《清洁空气法案》，立法者终于准备以强制手段限制家庭用火。该法律设立了"无烟区"，也就是禁止任何人排放烟雾的城市区域。这意味着在英国的大部分城镇和市区都禁止燃煤。即便如此，空气污染也没有被彻底消除，因为人们仍然可以使用无烟燃料，如木炭等，但这已经在很大程度上消除了烟雾。最初政府担心该法案的实施会受到抵制,但很快人们就发现了治理空气污染的好处,因为几个世纪以来天空第一次变得那么清澈。更重要的是人们真的看到了烟雾及其产生的危害,因此最初的担心完全是多余的,法案很容易就得到了实施。

美国环保局的建立

美国联邦立法机构遵循着相同的路线。1967年的《空气质量法》授权健康、教育和福利部门指定空气质量控制区域。这些部门可以通过规定使用减少污染的工业技术来制定空气质量的标准,从而使法律生效,而且如果当地机构未对顽固的违法者实施制裁时,这些部门有权提起诉讼。

1970年通过的《清洁空气法案》进一步巩固了《空气质量法》。1990年针对酸雨、城区空气污染和有毒物质排放(参见"污染与健康"),《清洁空气法案》作了具体的修订,制定了国家许可证方案,使其有利于法律的实施和执行。

美国环保局(EPA)成立于1970年,《清洁空气法案》是确立其职权的几项立法之一,其他相关立法还包括1970年的《国家环境保护法案》、1986年的《石棉危害紧急情况反应法案》、1988年的《石棉信息法案》以及1982年的《规避危险法》。

国际性空气污染

空气的运动并不考虑国家间的边界,所以一个国家的污染可以越过边境线传入邻国。更糟的是在边境线附近产生的污染也许不会给该国造成损害,却会给邻国带来严重的问题。

20世纪70年代，研究大气运动的科学家们发现空气中的污染物质能够传播很远的距离。当时虽然人们主要关注酸雨（参见"酸雨、雪、轻雾和干沉降"），但是很显然其他形式的污染也有所涉及。科学家们的发现促进了政府间的讨论，进而促成了在联合国欧洲经济委员会（UNECE）的赞助下举行的谈判。1979年《长期跨国空气污染国际公约》的颁布标志着谈判获得了前所未有的成效。来自欧洲、加拿大和美国等的35个国家签署了该协议。

该国际公约为后来处理同类问题的立法提供了框架。例如在1985年20个签约国签署了一项协议草案，承诺签约国家年二氧化硫排放量比1980年降低30%，这些国家因此得名"30%俱乐部"，他们不仅保证自己达到该要求而且强烈要求其他国家加入。

各国均承诺30%的降低量听起来令人十分振奋，但这一提议本身存在缺陷，因为有些环境对于特定的污染形式十分敏感，而有些地方可以更快地实现二氧化硫的降低，而且成本很低。当"30%"协议（真正名称是硫排放限制草案）在1989年做修订的时候，联合国欧洲经济委员会推荐使用由国际实用系统分析机构开发的型号为RAINS的电脑，以便帮助评估如何有效地降低污染。基于这种电脑分析的结果，第二个硫排放限制草案于1994年签署。欧盟也使用了该型号电脑对氨水、氮氧化物和挥发性有机化合物的排放做了全面的限制。

臭氧

对南极上空平流层臭氧损耗的关注促成了1977年联合国臭氧层咨询委员会的成立。成立这一委员会的目的是找到臭氧层损耗的科学证据,并确保在停止和恢复臭氧层损耗的行动上达成国际性一致意见。

该咨询委员会的持续会谈为《联合国臭氧层保护国际公约》的签订铺平了道路。1985年3月有49个国家在这一协议上签字。该协议号召各国在监控臭氧层方面实行合作,并在制止臭氧损耗的方法上达成一致。1987年出台的《关于消耗臭氧层物质的蒙特利尔议定书》(简称为《蒙特利尔议定书》)中提到了适合的保护臭氧层的办法。《蒙特利尔议定书》曾几次被修改加以完善,如1990年的《伦敦修订案》、1992年的《哥本哈根修订案》、1995年的《维也纳修订案》、1997年的《蒙特利尔修订案》和1999年的《北京修订案》。《北京修订案》于2000年1月1日生效。

不断地进步

1972年在瑞典斯德哥尔摩召开的联合国人类环境大会促成了联合国环境项目办的创立。它旨在促使各国政府携手寻找减少空气污染的方法。随着人们对污染造成的经济和社会损失的意识的提高,政治家们也更愿意致力于解决污染问题。这不仅确保了旨在减少污染的国际条约的达成,也保证了法律的有效实施。

人们总在不断地取得进步。几年前北美和欧盟已经停止了含铅汽油的使用,但含铅汽油在有些国家还依然存在。2002年3月在泰国曼谷召开的环境对儿童健康危害的第一次国际会议上,300多名到会的健康与环境专家提议在亚洲地区也应该实行该禁令。

国际行动有助于促进各国及各地区的行动。2001年10月24日,欧洲议会批准了减少烟雾污染的新措施,这将确保到2010年为止，除了确实无法减少烟尘排放的地区外，全球每年的臭氧损耗值不会超过被国际健康组织认定为安全的最大臭氧损耗值的25倍。

爱尔兰也遭受着污染的痛苦。2001年10月爱尔兰环境部门在全国范围内提出禁止销售烟煤（含高挥发性物质的一种煤），因为这种煤燃烧时会产生大量的烟。在爱尔兰的首都都柏林及其他的10个城市已经禁止燃烧煤，而新的规章将把这条禁令扩展到全国其他城市。现在该国也将禁止使用由焦炭（现在多由石油制成）来替代烟煤。据环境部门估计该禁令每年可减少7 700英吨（7 000吨）的二氧化硫的排放。1999年爱尔兰排放了17.3万英吨（15.7万吨）的二氧化硫。像所有欧盟成员国一样，这一排放量需要被削减。到2010年，爱尔兰的二氧化硫的排放量应降到4.62万英吨（4.2万吨）。

2000年6月美国华盛顿巡回上诉法院最终裁决支持环保局旨在改善美国东部地区空气质量的计划。这一裁决将允许环保局和受到污染的37个州制订一个固定的时间表，目的是降低位于22个州的392家燃煤发电厂和工厂的氮氧化物的排放量。降低排放的要求从2003年夏天开始执行，最终这些工厂每年要减少150万英吨（136万吨）的排放物。

当承受着空气污染痛苦的人们知道其他国家的城市里空气清新时会问为什么会这样，并且会要求改善本地的空气质量。最终他们的要求得到了响应，政府制定了法律条款和规章制度。现代通讯更容易使人们确信改善环境的必要，而且也会使人们相信环境改善必将会使他们受益。

明天的空气会更清洁还是更污浊

一个世纪以前只有专家们在担心空气污染的问题。医生们能够看到空气污染对患者健康的影响,化学家能够检测出空气污染的程度,气象学家对城市和乡村空气的巨大差异感到十分的悲哀,而其他人或许会认为空气污染是理所当然的。

如果你生活的城市长期被烟雾笼罩,如果你看到其他城市也烟雾缭绕,那么你可能认为烟雾是不可避免的,甚至是很自然的事情。一些工厂可能会产生令人十分厌恶的气味,但是人们渐渐忍受住了。毕竟你能怎样? 其他人又能做什么呢? 甚至你都不会想到会有更好的境况存在。

人们甚至也许会接受烟雾的存在。"lang may yet lum reek"是英国爱丁堡市的居民用以表达美好愿望的古老方式,意思是"愿你的烟囱烟火不断"。因为有烟从烟囱里飘出来就意味着家中一切安好。这不禁使我们想起许多故事中,旅行者在艰苦的长途跋涉后看到峡谷里有村庄,袅袅的炊烟从烟囱缓缓升起时那激动的心情。

有烟就会有壁炉。壁炉就意味着舒适温暖的家,但其实烟的背后还包含着更深刻的含义。它暗示着人们有工作,有钱买食物。成百上千的工厂烟囱昼夜冒烟的景象在过去被看成是幸福的象征,因为它带来了就业机会和富足昌盛。人们确实变得比过去更爱咳嗽,但他们还得继续吃东西、付房租。他们也开有关烟的玩笑——比如因为听见鸟儿的咳嗽声而被叫醒等。

现在人们的态度有所不同了。许多以前的重工业——钢铁制造、造船、重型工程——已远离城市。空气质量因而得以改善。同时国家法律和政府条款对污染实行强制控制（参见"法律和条约"）。空气质量的改善一部分是由于我们的要求得到回应，但某种程度上也是因为一度造成污染的工厂企业已经破产或者已搬离市区。

　　当然并不是所有的企业都搬走了。一些大型的工厂依然在城市中幸存下来，但它们必须要遵守污染防治的相关法律。当然我们还会像以往一样使用许多的工业产品，但现在这些产品的大部分都是由其他迅速工业化的国家生产的，所以污染只是转移了而不是被消灭了。纽约、曼彻斯特和鲁尔的清新空气是以印度尼西亚雅加达等国的空气污浊为代价的。许多正在实行工业化的城市都受到了严重的污染。交通和制造业的增加无疑是污染的罪魁祸首，但这也仅仅是其中的一部分原因。

　　对污染危害的认识，尤其是对我们健康的危害认识激发了人们寻找科学的方法来降低污染的决心（参见"俘获污染物"；"新型汽车"；"无火取暖"；"太阳与风"）。许多企业一直在被说服——当劝告不起作用时就用强制手段——通过安装先进的设备来降低污染排放。因此现在的重工业企业与一个世纪前相比有明显改观。事实上从某种程度上来看，现代化过程中遇到的难题导致了旧式企业的灭亡。新兴工业国家的工厂主们从一开始就安装了现代化的设备，生产环境比老牌工业化国家更清洁，而且生产成本也更低，因为先进的设备不仅提高了效率也降低了污染。

　　过去美国和欧洲的大气污染由于工业的迅速发展变得越来越严重，这一情况在今天的拉丁美洲和亚洲也同样存在。面对激烈的竞争，企业可以在一夜之间破产或盈利，没人有时间和精力处理工厂造成的污染。所以虽然工业化并不一定意味着会出现19世纪和20世纪在美国和欧洲产生的那种污染，但污染确实也难以避免，只是他们的经历并不完全一致。尽管新兴的工业化国家急于达到高度繁荣，但那里的人们已经意识到了污染对健康造成的危害。那里的工厂主们能够获得控制污染的技术，所以这些国家的政府在工业化进程的早期就开始采取措施提高空气质量，而一个世纪以前人们是不可能做到这一点的。

未来是无法预测的，我们不知道几十年后的生活是什么样，更不用说一个世纪以后了。我们能做到的就是认真洞察现在的发展，做出科学的预测。

在美国、欧洲、澳大拉西亚（一般指澳大利亚、新西兰及附近南太平洋诸岛）和日本等工业化国家，空气质量有望得到改善。事实上这些地区的空气质量比过去提高了很多。在一些国家，比如英国，城市空气是几个世纪以来最干净的。现在有更清洁的方法用于发电，能源的使用更加高效，因此能源的需求减少。交通也发生了根本的变化，汽车、公交车和卡车最终也会不再需要汽油或柴油发动机驱动。这些都有助于进一步改善空气的质量。

由于拉丁美洲和亚洲的一些城市正经历工业化的进程，空气质量会暂时恶化。不过几十年后随着新的科学技术和污染防治法的应用，空气质量会迅速改善。撒哈拉南部的非洲国家也将遵循同样的发展路径。

明天的空气会更加清洁还是会更加污浊呢？最后毫无疑问，我们将拥有更洁净的空气。到那时，各国的空气状况会有所不同。我们预计空气质量很可能在美国、欧洲、日本和澳大拉西亚的一些城市首先得到改善，然而与此同时在拉丁美洲和亚洲南部的一些城市空气质量会继续恶化。然后一旦开始施行改善空气的措施，那里的空气质量也会迅速得到提升。到21世纪末或是更早些时候，这些地区的空气质量会赶上西方国家的步伐。

当然这只是个猜测，但却是科学的猜测。尽管许多城市上方都有令人望而生畏的烟雾，尽管许多仓促建立的工厂会燃烧不洁燃料，尽管在难以计数的贫困家庭里低劣煤仍是唯一的燃料，然而未来依然是一片光明。因为我们已经意识到问题的存在，而且我们知道如何解决。这就是我们要做的，我们也一定能够解决污染这一难题。

附录

国际单位及单位转换

	单位名称	位量的名称	单位符号	转换关系
基本单位	米	长度	m	1米=3.280 8英尺
	千克(公斤)	质量	kg	1千克=2.205磅
	秒	时间	s	
	安培	电流	A	
	开尔文	热力学温度	K	1 K=1℃ =1.8°F
	坎德拉	发光强度	cd	
	摩尔	物质的量	mol	
辅助单位	弧度	平面角	rad	$\pi/2$rad=90°
	球面度	立体角	sr	
	库仑	电荷量	C	
	立方米	体积	m^3	1米^3=1.308码^3
	法拉	电容	F	
	亨利	电感	H	

单位名称		位置量的名称	单位符号	转换关系
辅助单位	赫兹	频率	Hz	
	焦耳	能量	J	1焦耳=0.238 9卡路里
	千克每立方米	密度	kg m^{-3}	1千克/立方米=0.062 4磅/立方英尺
	流明	光通量	lm	
	勒克斯	光照度	lx	
导出单位	米每秒	速度	m·s^{-1}	1米每秒=3.281英尺每秒
	米每二次方秒	加速度	m·s^{-2}	
	摩尔每立方米	浓度	mol·m^{-3}	
	牛顿	力	N	1牛顿=7.218磅力
	欧姆	电阻	Ω	
	帕斯卡	气压	Pa	1帕=0.145磅/平方英寸
	弧度每秒	角速度	rad·s^{-1}	
	弧度每二次方秒	角加速度,	rad·s^{-2}	
	平方米	面积	m^2	1米^2=1.196码^2
	特斯拉	磁通量密度	T	
	伏特	电动势	V	
	瓦特	功率	W	1 W=3.412 Btu·h^{-1}
	韦伯	磁通量	Wb	

国际单位制使用的前缀（放在国际单位的前面从而改变其量值）

前　缀	代　码	量　值
阿　托	a	$\times 10^{-18}$
费　托	f	$\times 10^{-15}$
区　高	p	$\times 10^{-12}$
纳　若	n	$\times 10^{-9}$
马　高	μ	$\times 10^{-6}$
米　厘	m	$\times 10^{-3}$
仙　特	c	$\times 10^{-2}$
德　西	d	$\times 10^{-1}$
德　卡	da	$\times 10$
海　柯	h	$\times 10^{2}$
基　罗	k	$\times 10^{3}$
迈　伽	M	$\times 10^{6}$
吉　伽	G	$\times 10^{9}$
泰　拉	T	$\times 10^{12}$

参考书目及扩展阅读书目

Air Info Now.Pima County Department of Environmental Quality and U.S.Environmental Protection Agency. "What Is Particulate Matter?" Available online. URL: www.airinfonow. org/html/ed_particulate.html. Accessed October 22, 2002.

"Air Pollution." Fact Sheet No.187. Geneva: World Health Organization, September 2000.www.who.int/inf–fs/en/fact187.html.

"The Air Quality Index." Available on–line. URL: www.apcd.org/aq/ aqi.html. Revised September 6, 2002.

Aldous, Scott. "How Solar Cells Work." *How Stuff Works*.Available on–line. URL: www.howstuffworks.com/solar–cell.htm. Accessed October 22, 2002.

Allaby, Michael. *Basics of Environmental Science*. 2d ed.New York: Routledge, 2000.

——. *Deserts*. New York: Facts On File, 2001.

——. *Elements: Fire*. New York: Facts On File, 1993.

——. *Encyclopedia of Weather and Climate*. 2 vols.New York:

Facts On File, 2001.

———. *The Facts On File Weather and Climate Handbook.* New York: Facts On File, 2002.

———. *Temperate Forests.* New York: Facts On File, 1999.

American Lung Association. "Major Air Pollutants." *State of the Air* 2002. Available on–line. URL: www.lungusa.org/air/envmajairpro.html. October 22, 2002.

American Wind Energy Association.Available on–line. URL: www. awea.org.Updated September 13, 2002.

An Chartlann Náisiúnta (The National Archives of Ireland) . "The Great Famine 1845–1850 —Introduction." Available on–line. URL: www. nationalarchives.ie/famine.html. Updated August 8, 2002.

"Ash Wednesday, February 1983." *Climate Eduction.* Bureau of Meteorology, Australia. www.bom.gov. au/lam/climate/levelthree/c20thc/fire5.htm.

"Ash Wednesday Fires, February 16, 1983: Situation Overview." Available on–line. URL: sres.anu.edu.au/associated/fire/IUFRO/CONFLAG/ASHWED83/AW83.HTM.Accessed October 22, 2002.

Baird, Stuart. "Ocean Energy Systems." Energy Fact Sheet.Energy Educators of Ontario.Available on–line. URL: www.iclei.org/efacts/ocean.htm. Accessed October 22, 2002.

———. "Wind Energy." Energy Fact Sheet. Energy Educators of Ontario. Available on–line. URL: www.iclei.org/efacts/wind.htm. Accessed October 22, 2002.

Barry, Roger G., and Richard J. Chorley. *Atmosphere, Weather & Climate*. 7th ed.New York: Routledge, 1998.

Button, Don. "The Smell of Christmas." Article #852.Alaska Science Forum. Available online. URL: www.gi.alaska.edu/ScienceForum/ ASF8/852.html. December 21, 1987.

Campbell, Todd. "What About the Wankel?" Available on-line. URL: abcnews.go.com/sections/tech/Geek/geek000302.html. Accessed October 21, 2002.

Cecilioni, V.A. "Lung Cancer in a Steel City: A Personal Historical Perspective." *Fluoride 23,* no. 3 (July 1990) : 101–103. Available on-line. URL: www.fluoridealert.org/hamilton.htm.

CFA (Country Fire Authority) . "Ash Wednesday." Available on-line. URL: www.cfa.vic.gov. au/info _ ash.htm. October 30, 2000.

Climate Education, Bureau of Meteorology, Australia. "Ash Wednesday, February 1983." Available on-line. URL: www.bom.gov.au/ lam/climate/levelthree/c20thc/fire5.htm. Accessed October 22, 2002.

"Climate Effects of Volcanic Eruptions." Available on-line. URL: www.geology. sdsu.edu/how _ volcanoes_work/climate _ effects.html. Accessed October 21, 2002.

CNN Interactive. "Deadly Smog 50 Years Ago in Donora Spurred Clean Air Movement." Available on-line. URL: www.dep.state.pa.us/dep/ Rachel_Carson/clean_air. htm. October 27, 1998.

Colbeck, I., and A.R.MacKenzie. "Chemistry and Pollution of the Stratosphere." In *Pollution: Causes, Effects and Control*. 2d ed. Ed. Roy

M. Harrison. London: Royal Society of Chemistry, 1990.

"Columbia River Flood Basalt Province, Idaho, Washington, Oregon, USA." Available on–line. URL: volcano/und.nodak.edu/vwdocs/volc_images/north_america/crb.html. Accessed October 21, 2002.

Danish Wind Industry Association. "Wind Energy: Frequently Asked Questions." Available on–line. URL: www.windpower.org/faqs. htm. April 17, 2002.

Doddridge, Bruce. "Urban Photochemical Smog." Available on–line. URL: www.meto.umd.edu/~bruce/m1239701.html. February 6, 1997.

DOE, Fossil Energy Techline. "Converting Emissions into Energy—Three Companies to Develop Technologies for Tapping Coal Mine Methane," Available on–line. URL: www.netl.doe.gov/publications/press/2000/tl_coalmine1.html. September 14, 2000.

"Early Cars." Available on–line. URL: www.cybersteering.com/trimain/history/ecars.html. Accessed October 21, 2002.

Eberlee, John. "Investigating an Environmental Disaster: Lessons from the Indonesian Fires and Haze." *Reports: Science from the Developing World,* International Development Research Centre, October 9, 1998. Available on–line. URL: www.idrc.ca/reports/read_article_english.cfm?article_num=283.

Ecological Society of America. "Acid Rain Revisited: What has happened since the 1990 Clear Air Act Amendments?" Available on–line. URL: esa.sdsc.edu/acidrainfactsheet.htm. Accessed October 21, 2002.

Emiliani, Cesare.*Planet Earth: Cosmology, Geology, and the*

Evolution of Life and Environment. Cambridge, U.K.: Cambridge University Press, 1992.

Energy Efficiency and Renewable Energy Network. "Hydropower Topics." January 25, 2002.

Available on–line. URL: www.eren.doe.gov/RE/hydropower.html.

Engels, Andre. "Juan Rodríguez Cabrillo." Available on–line. URL: www.win.tue.nl/ cs/fm/engels/discovery/cabrillo.html. Accessed October 21, 2002.

"Factors Influencing Air Pollution." Available on–line. URL: www. marama.org/ atlas/factors.html. Updated November 17, 1998.

"The Famine 1: Potato Blight." Available on–line. URL: www. wesleyjohnston.com/ users/ireland/past/famine/blight.html. Accessed October 21, 2002.

Faoro, Margaret. "HEVs (Hybrid Electric Vehicles) ." University of California, Irvine, February 2002. Available on–line. URL: darwin.bio. uci.edu/~sustain/global/ sensem/Faoro202.htm.

"Flue Gas Desulfurization (FGD) for SO2 Control." Available on–line. URL: www.iea–coal.org.uk/CCT database/fgd.htm. Accessed October 22, 2002.

Friberg, L.*Inorganic Mercury—Summary and Conclusions,* Environmental Health Criteria 118.Geneva: World Health Organization, 1991.Available on–line. URL: www.iaomt.nu/who 118.htm.

"Fuel Cells 2000: The On–line Fuel Cell Information Center." Available on–line. URL: www.fuelcells.org/.Updated October 21, 2002.

Fuelcellstore.com. "Hydrogen Storage" .Available on–line. URL: www.fuelcellstore.com/information/hydrogen_storage.html. Accessed October 22, 2002.

Gedney, Larry. "Years without Summers." Article #726.Alaska Science Forum, July 22, 1985.URL: www.gi.alaska.edu/ScienceForum/ASF7/726.html.

Goltz, James, Jan Decker, and Charles Sawthorn. "The Southern California Wildfires of 1993." EQE International. Available on–line. URL: www.eqe.com/publications/socal_wildfire/scalfire.htm. Accessed October 22, 2002.

Gordon, John, Mark Niles, and LeRoy Schroder. "USGS Tracks Acid Rain." U.S.G.S. Fact Sheet FS–183–95.Available on–line. URL: btdqs. usgs.gov/precip/arfs.htm. Accessed October 21, 2002.

Green Cross International. "Environmental Legacy in Kuwait." Available on–line. URL: www.gci.ch/GreenCrossPrograms/legacy/Kuwait/kuwait7years.html. October 14, 1998.

Hagenlocher, Klaus G. "A Zeppelin for the 21st Century." *Scientific American,* November 1999. Available on–line. URL: www.sciam.com/1999/1199issue/1199hagenlocher.html.

Harrison, Roy M., ed.*Pollution: Causes, Effects and Control.* 3d ed.London: Royal Society of Chemistry, 1996.

Hauglustaine, D.A, G.P.Brasseur, and J.S.Levine. "A Sensitivity Simulation of Tropospheric Ozone Changes due to the 1997 Indonesian Fire Emissions." Available on–line. URL: acd.ucar.edu/models/MOZART/

pubs/indonesia—text.doc. Accessed October 22, 2002.

Heck, Walter W. "Assessment of Crop Losses from Air Pollutants in the United States." In *Air Pollution's Toll on Forests & Crops.* Eds. James J. Mackenzie and Mohamed T. El—Ashry. New Haven, Conn.: Yale University Press, 1989.

Helfferich, Carla. "Consequences of Kuwait' s Fires." Article #1051. Alaska Science Forum, October 10, 1991.Available on—line. URL: www. gi.alaska.edu/ ScienceForum/ASF 10/1051.html.

Henahan, Sean. "The Great Famine: Gone, But Not Forgotten." Available on—line. URL: www.accessexcellence.org/WN/SUA03/great_ famine.html. Accessed October 21, 2002.

Henderson—Sellers, Ann Robinson, and Peter J.Robinson. *Contemporary Climatology.* Harlow, U.K.: Longman, 1986.

Herring, George D. "Juan Rodríguez Cabrillo—A Voyage of Discovery." Available on—line. URL: www.nps.gov/cabr/juan.html. Updated March 19, 2000.

Holder, Gerald D., and P.R.Bishnoi, eds. *Challenges for the Future: Gas Hydrates.* Vol.912, *Annals of the New York Academy of Sciences.* New York: New York Academy of Sciences, 2000.

Hybrid Electric Vehicle Program, Dept. of Energy, 2002. "What Is an HEV?" Available on—line. URL: www.ott.doe.gov/hev/what.html. Accessed October 22, 2002.

International Institute for Applied Systems Research. "Cleaner Air for a Cleaner Future: Controlling Transboundary Air Pollution." Available on–line. URL: www.iiasa.ac.at/Admin/INF/OPT/Summer98/negotiations. htm. Accessed October 22, 2002.

Klunne, Wim. "Turbines." Micro Hydropower Basics.December 24, 2000. Available on–line. URL: www.microhydropower. net/turbines.html.

"Lakagígar." Available on–line. URL: www.hi.is/~gunntho/lakagigar. htm. Accessed October 21, 2002.

"The Lakagígar Eruption of 1783." Available on–line. URL: www. volcanotours.com/iceland/fieldguide/lakagigar_eruption.htm. Accessed October 21, 2002.

Latham, R.E., trans.*Marco Polo: The Travels.* Harmondsworth, U.K.: Penguin Books, 1958.

"Leather Working." Available on–line. URL: www.regia.org/leatwork. htm. Updated March 20, 2002.

Lomborg, Bjørn.*The Skeptical Environmentalist.* Cambridge, U.K.: Cambridge University Press, 2001.

Lovelock, James E.*The Ages of Gala.* New York: Oxford University Press, 1989.

———. *Gaia: A New Look at Life on Earth.* 2d ed.New York: Oxford University Press, 2000.

Lutgens, Frederick K., and Edward J. Tarbuck. *The Atmosphere.* 7th ed. Upper Saddle River, N.J.: Prentice Hall, 1998.

"Manchester: History." Available on–line. URL: www.lonelyplanet. com/destinations/europe/manchester/history. htm. Accessed October 21, 2002.

Marr, Alan. "Wankel Rotary Combustion Engines." Available on-line. URL: www.monito.com/wankel/. April 7, 2000.

Mason, C.F.*Biology of Freshwater Pollution.* 2d ed. New York: John Wiley, 1991.

Mellanby, Kenneth.*Waste and Pollution: The Problem for Britain.* London: HarperCollins, 1992.

"The Microbial World: Potato blight: *Phytophthora infestans.*" Available on-line. URL: helios.bto.ed.ac.uk/bto/microbes/blight.htm. Accessed October 21, 2002.

Miller, Paul R. "Concept of Forest Decline in Relation to Western U.S.Forests." In MacKenzie, James J., and Mohamed T. El-Ashry, eds. *Air Pollution's Toll on Forests & Crops,* New Haven, Conn.: Yale University Press, 1989.

National Wildlife Federation. "Mercury Pollution." Available on-line URL: www.nwf.org/cleantherain/mercuryQandA. html. March 22, 2001.

"Natural Air Pollution." Available on-line. URL: www.doc.mmu. ac.uk/aric/eae/Air_Quality/Older/Natural_Air_Pollution.html. Accessed October 21, 2002.

Nice, Karim. "How Catalytic Converters Work." *How Stuff Works.* Available on-line. URL: www.howstuffworks.com/catalytic-converterl. htm. Accessed October 22, 2002.

——. "How Rotary Engines Work." *How Stuff Works.* Available on-line. URL: www.howstuffworks.com/rotary-engine.htm. Accessed

October 21, 2002.

"No Room to Breathe: Photochemical Smog and Ground—Level Ozone." Ministry of Environment, Lands and Parks of the Government of British Columbia, Air Resources Branch.

·   Available on—line. URL: wlapwww. gov/bc.ca/air/vehicle/nrtbpsag. html. August 1992.

Norwegian Institute of Air Research. "Acid Rain—Can we see improvements?" Available on—line. URL: www.nilu.no/informasjon/ beretning96—begge/english/acid—txt.html. Accessed October 21, 2002.

"Nuclear Fusion Basics." Available on—line. URL: www.jet.efda.org/ pages/content/fusionl.html. Accessed October 22, 2002.

Ohio State University Fact Sheet.Coal Combustion Products. Available on—line. URL: ohioline. osu.edu/aex—fact/0330.html. Accessed October 21, 2002.

Oke, T.R. *Boundary Layer Climates.* 2d ed. New York: Routledge, 1987.

Oliver, John E., and John J. Hidore. *Climatology: An Atmospheric Science.* 2d ed. Upper Saddle River, N.J.: Prentice Hall, 2002.

O' Mara, Katrina, and Philip Jennings. "Ocean Thermal Energy Conversion." Australian CRC for Renewable Energy Ltd., June 1999. Available on—line. URL: acre.murdoch.edu.au/refiles/ocean/text.html.

Patel, Trupti. "Bhopal Disaster." The On—line Ethics Center for Engineering and Science at Case Western Reserve University. Available on—line. URL: onlineethics.org/environment/bhopal.html. Updated

September 6, 2001.

Pennsylvania State University. "Aerobiological Engineering: Electrostatic Precipitation." Available on–line. URL: www.engr.psu.edu/ae/wjk/electro.html. Accessed October 22, 2002.

Peterken, George F. *Natural Woodland.* Cambridge, U.K.: Cambridge University Press, 1996.

"Potato Production and Management." Available on–line. URL: www.rec.udel.edu/class/kee/oct4.html. Accessed October 21, 2002.

Rosen, Harold A., and Deborah R. Castleman. "Flywheels in Hybrid Vehicles." *Scientific American* (October 1997) . Available on–line. URL: www.sciam.com/1097issue/1097rosen.html.

Sloan, E. Dendy, Jr., John Happel, and Miguel A. Hnatow, eds. *International Conference on Natural Gas Hydrates.* Vol.715, *Annals of the New York Academy of Sciences.* New York: New York Academy of Sciences, 1994.

"Solar Chimney." Available on–line. URL: seecl.mae.ufl.edu/solar/chimney. html. Updated September 2000.

Taggart, Stewart. "Creating New, Sky–High Power." *Wired News,* September18, 2001.Available on–line. URL: www.wired.com/news.print/0,1294,46814,00.html.

Thomas, Keith. *Man and the Natural World: Changing Attitudes in England 1500-1800.* Harmondsworth, U.K.: Penguin Books, 1984.

"The Trail of Destruction: A Chronology of the Fires." *Down to Earth 35,* November 1997, Forest Fires Special Supplement. Available on–line. URL: dte.gn.apc.org/35sul.htm.

Transport Action: Powershift. "Clean Fuels—Summary of UK Situation." Available on–line. URL: www.clean–vehicles.com/cleanv/fuel/about.html. Accessed October 22, 2002.

"Trees and Air Pollution." *Science Daily Magazine.* Available on–line. URL: www.sciencedaily. com/releases/2001/01/010109223032. htm. November 1, 2001.

UCAR Quarterly, summer 1998. "Fire and Rain: Indonesian Fires Ignite Cloud Study." Available on–line. URL: www.ucar.edu/communications/quarterly/summer98/fires.html. Updated April 4, 2000.

U.N.Environment Program. "The State of the Environment—Regional synthesis." chapter 2 of *GEO-2000: Global Environment Outlook.* Available on–line. URL: www.unep.org/geo2000/english/0048. htm. Accessed October 21, 2002.

———. "Montreal Protocol." Available on–line. URL: www.unep.ch/ozone/mont_t.shtml and www.unep.ch/treaties.shtml. Accessed October 21, 2002.

Union of Concerned Scientists. "Farming the Wind: Wind Power and Agriculture." December 7, 2000. Available on–line. URL: www.ucusa.org/energy/fact_wind.html.

University of California Cooperative Extension. "Tree Selection Could Have an Effect on Air Quality." Available on–line. URL: www.uckac.edu/press/pressreleases98/treestudy.htm. July 27, 1998.

USA Today. "Understanding clouds and fog." Available on–line.

URL: www.usatoday. com/weather/wfog.htm. Updated April 22, 2002.

U.S. Environmental Protection Agency. "About EPA." Available on-line. URL: www.epa.gov/epahome/aboutepa.htm. Updated August 8, 2002.

———. "Acid Rain." Available on-line. URL: www.epa.gov/airmarkets/acidrain/.Updated October 17, 2002.

———. "Air." Available on-line. URL: www.epa.gov/ebtpages/air.html. Updated October 21, 2002.

———. "Air Toxics from Motor Vehicles." Fact Sheet OMS –2. Available on-line. URL: www.epa.gov/otaq/02–toxic.htm. Updated July 20, 1998.

———. "Anaconda." Available on-line. URL: www.epa.gov/region08/superfund/sites/mt/anacon.html. Updated October 8, 2002.

———. "Automobile Emissions: An Overview." Available on-line. URL: www.epa.gov/OMSWWW/05–autos.htm. August 1994.

———. "Clean Air Act." Available on-line. URL: www.epa.gov/oar/oaq_caa.html. Updated March 29, 2002.

———. Coalbed Methane Outreach Program. Available on-line. URL: www.epa.gov/coalbed/.Accessed October 21, 2002.

———. "Emissions Summary." Office of Air Quality Planning and Standards. Available on-line. URL: www.epa.gov/oar/emtrnd94/em_summ.html. August 1, 2002.

———. "Environmental Laws That Establish the EPA' s Authority." Available on-line. URL: www.epa.gov/history/org/origins/laws.htm. Updated August 12, 2002.

———. "Radioactive Waste Disposal: An Environmental Perspective." Available on–line. URL: www.epa.gov/radiation/radwaste/index.html. Updated October 21, 2002.

U.S.Geological Survey. "The Cataclysmic 1991 Eruption of Mount Pinatubo, Philippines." U.S.G.S. Fact Sheet 113–97.Available on–line. URL: http: //geopubs.wr.usgs.gov/fact–sheet/fs113–97/.January 12, 2002.

van Ravenswaay, Eileen O. "Iron and Steel Industry." Available on–line. URL: www.msu.edu/course/prm/255/Iron&SteelIndustry Case.htm. February 7, 2000.

Volk, Tyler, *Gaia's Body: Towards a Physiology of Earth.* New York: Copernicus, 1998.

Walton, Marsha. "Could Hydrogen Be the Fuel of the Future?" *CNN Sci -Tech,* March 16, 2001. Available on–line. URL: www.cnn.com/2001/TECH/science/03/16/hydrogen.cars/.

"Wankel Car Engine—The Rotary Design." Available on–line. URL: www.cybersteering.com/cruise/feature/engine/wankel.html. Accessed October 21, 2002.

"Wildland Fire." Available on–line. URL: www.nps.gov/yell/nature/fire/index.htm. Updated October 3, 2001.

"Wildland Fire in Yellowstone." Available on–line. URL: www.nps.gov/yell/technical/fire/.Updated September 16, 2002.

World Health Organization. "Air Pollution." *Fact Sheet No. 187.* Available on–line. URL: www.who.int/inf–fs/en/fact187.html. Revised September 2000.

World Nuclear Association. "Safety of Nuclear Power Reactors." Available on–line. URL: www.world–nuclear. org/info/inf06apprint.htm. July 2002.

Wouk, Victor. "Hybrid Electric Vehicles." *Scientific American,* October 1997. Available on–line. URL: www.sciam. com/1097issue/1097wouk.html.

Zeppelin Luftschifftechnik GmbH, Airship and Blimp Resources. Available on–line. URL: hotairship.com/database/zeppelin.html. Accessed October 22, 2002.